Gaitzsch, Graßl, Mäutner · Zeit und Zeitmessung

Klett Studienbücher Physik

Zeit und Zeitmessung

Rainer Gaitzsch
Hans Graßl
Siegfried Mäutner

Ernst Klett Stuttgart

CIP-Kurztitelaufnahme der Deutschen Bibliothek

Gaitzsch, Rainer:
Zeit und Zeitmessung /
Rainer Gaitzsch; Hans Grassl; Siegfried Mäutner. —
1. Aufl. — Stuttgart: Klett, 1982.
  (Klett-Studienbücher)
  ISBN 3-12-983960-7

NE: Grassl, Hans; Mäutner, Siegfried;

1. Auflage   1 5 4 3 2 1 | 1986 85 84 83 82

Alle Drucke dieser Auflage können im Unterricht nebeneinander benutzt werden. Die letzte Zahl bezeichnet das Jahr dieses Druckes.
© Ernst Klett Verlag, Stuttgart 1982
Nach dem Urheberrechtsgesetz vom 9. Sept. 1965 i. d. F. vom 10. Nov. 1972 ist die Vervielfältigung oder Übertragung urheberrechtlich geschützter Werke, also auch der Texte, Illustrationen und Graphiken dieses Buches, nicht gestattet. Dieses Verbot erstreckt sich auch auf die Vervielfältigung für Zwecke der Unterrichtsgestaltung — mit Ausnahme der in den §§ 53, 54 URG ausdrücklich genannten Sonderfälle —, wenn nicht die Einwilligung des Verlages vorher eingeholt wurde. Im Einzelfall muß über die Zahlung einer Gebühr für die Nutzung fremden geistigen Eigentums entschieden werden. Als Vervielfältigung gelten alle Verfahren einschließlich der Fotokopie, der Übertragung auf Matrizen, der Speicherung auf Bändern, Platten, Transparenten oder anderen Medien.
Satz und Druck: Ernst Klett, Stuttgart

Inhalt

I. Einführung

1. Aufgaben des Buches   6
2. Zeitmessung im Überblick   9

II. Historischer Teil

1. Die Sonnenuhren   11
   Die Sonnenuhr mißt kosmische Zeit   11
   Obelisk des Kaisers Augustus in Rom   12
   Äquatorial-Sonnenuhr aus Jaipur in Indien   12
   Sternförmige Reisesonnenuhr   14
2. Die Wasseruhren   17
   Die Wasseruhr mißt elementare Zeit   17
   Die ägyptische Auslaufuhr I aus Theben   18
   Die Einlaufuhr von Ktesibios in Alexandrien   21
   Die astronomische Wasseruhr von Su-Sung in China   22
3. Die Sanduhren   26
   Die Sanduhr mißt elementare Zeit   26
   A. Dürer, Der Hl. Hieronymus in der Zelle   28
4. Räderuhren   30
   Wir basteln eine Räderuhr   30
   Zur Konstruktion von Räderuhren   35
   Tischuhr von Hans Gruber   40
   Spiegeluhr von Johann Martin   42
   Planetenuhr von Jost Bürgi   44
5. Automaten   48
   Figurenuhr: Papagei   48
   Tischfahrzeug mit Minerva   50

6. Himmelsmodell 52
   Uhrwerksangetriebene Armillarsphäre 52
7. Zeitmessung im bürgerlichen Leben und in der Mystik
   des Mittelalters 54
   Der Rathausturm von Regensburg und seine Uhren 54
   Glockenzeichen einer mittelalterlichen Stadt 57
   Das Horologium Sapientiae von Seuse — eine
   Gleichnisuhr zwischen den Zeiten - 57
   Zur Geschichte des Uhrmacherhandwerks in Augsburg 59

III. Philosophischer Teil

Das Uhrengleichnis in der europäischen Philosophie
der anbrechenden Neuzeit 61
1. Descartes 62
2. Leibniz 63
3. Wolff und Gottsched 65
4. Hobbes 66
5. Herders Kritik der mechanistischen Welterklärung 67

IV. Physikalischer Teil

1. Gedanken zum Zeitbegriff 69
   a) Der philosophische und der physikalische Zeitbegriff
   b) Die Nichtumkehrbarkeit der Zeit und die Entropie
2. Definition der Zeiteinheit 71
   a) Die Sekunde
   b) Eigenschwingungszeiten von Atomen:
      Neue Bestimmung der Sekunde

3. Die Entwicklung der Uhren 74
   a) Die herkömmlichen Uhren und ihre Problematik
   b) Quarzuhren
   c) Atomuhren
4. Einsteins Relativitätstheorie und die Zeitmessung 81
   a) Spezielle Relativitätstheorie
   b) Allgemeine Relativitätstheorie
5. Kosmische Uhren 84
   a) Die Erde
   b) Neutronensterne: Pulsare
   c) Galaxien
   d) Der radioaktive Zerfall
6. Größenordnungen von Zeiten 88
7. Die Welt als Uhr 90

V. Anhang

1. Hinweise zur Fertigung einfacher Uhrenmodelle und zugehörige mathematisch-physikalische Herleitungen 91
   a) Zur Sonnenuhr
   b) Zur Wasseruhr
   c) Zur Federuhr
   d) Zur Pendeluhr
2. Literatur 105
3. Bildquellen 106

I. Einführung
1. Aufgaben des Buches

Der vorliegende Beitrag entstand anläßlich einer Fortbildungstagung für Geschichts- und Physiklehrer an Gymnasien wie an Realschulen. Den Anlaß bot die geistesgeschichtlich orientierte Jubiläumsausstellung des Bayerischen Nationalmuseums »Die Welt als Uhr«. Sie stellte Räderuhren des 16. und 17. Jahrhunderts nicht nur in ihrer handwerksgeschichtlichen und kunstgeschichtlichen Bedeutung dar, sondern zugleich als Metaphern für das eben entstehende mechanistische Weltbild der frühen Neuzeit.
Das war ein Zusammenhang, der zu einer angemessenen Übertragung auf den Unterricht an den Schulen geradezu herausfordern mußte, und das um so mehr, als die Uhren im Geschichts- wie im Physikunterricht zu einem bloßen Randphänomen degradiert sind. Gleichwohl sind sie ein zentrales Lebensphänomen aller uns bekannten Hochkulturen, des europäischen Mittelalters und der anbrechenden Neuzeit, ein Lebensphänomen, das unsere Gegenwart im totalen Sinne bestimmt und reglementiert.
Dieses Arbeits- und Studienbuch möchte Materialien zur Erhellung dieses Phänomens für die Unterrichtspraxis anbieten. Die existentielle Erfahrung der Zeit, die Erkenntnis ihres unaufhaltsamen Verlaufs, die verschiedenen Möglichkeiten der Zeitmessung und deren Einfügung in große kosmologische Zusammenhänge soll vermittelt werden. Also erhalten ausgewählte Beispiele von Uhrentypen — Sonnen-, Wasser-, Sand-, Räder-, Quarz- und Atomuhren — den ihnen jeweils zukommenden historischen wie physikalischen Stellenwert.
Die Uhren werden aber zugleich unter jeweils anderen Aspekten interpretiert: eine ägyptische Wasseruhr etwa auch unter mythologisch-religiösem Gesichtspunkt, eine chinesische Wasseruhr auch unter den Gesichtspunkten der Regierung und Verwaltung des Staates, die europäische Räderuhr als

zentrale Hilfsvorstellung des anbrechenden philosophischen Denkens im 17. und 18. Jahrhundert, Quarz- und Atomuhren schließlich als typischer Ausdruck der Technik unserer Zeit. Die Aufzählung zeigt das große Wagnis dieses Vorhabens. Es übersteigt die Möglichkeiten eines Schulhistorikers, aber auch die Möglichkeiten des Physikunterrichts. Daher haben sich hier ein Geschichtslehrer und zwei Physiklehrer zur Bewältigung dieser gleichwohl notwendigen Aufgabe zusammengefunden. In gemeinsamer Arbeit versuchen sie ein sehr weites, vielschichtiges Feld zu beleuchten und einzugrenzen und mit nur wenigen besonders wichtigen Wegmarken auszustatten. Selbstverständlich kann schon das Einwände hervorrufen, nicht minder die einfache, oft bewußt vereinfachende Darstellung. Sie findet ihre Rechtfertigung aber wohl darin, daß hier im Geschichts- wie im Physikunterricht ergänzend und vertiefend verfahren werden muß. Das erschlossene Bild- und Interpretationsmaterial soll womöglich auch den Schülern selbst als Hilfe für die Abhaltung von Referaten, als Anleitung zur selbständigen Anfertigung von Sonnen-, Wasser-, Räderuhren in die Hand gegeben werden können. Lehrer und Schüler, die noch das Bedürfnis nach Darstellung solcher erhellenden Zusammenhänge haben, sollen ja nicht zusätzlich belastet werden, sondern durch diesen Beitrag eine möglichst schlichte und praktische Unterstützung erfahren. Das Bedürfnis nach Entfaltung universalgeschichtlicher Zusammenhänge ist in der Jugend an sich höchst lebendig, wird aber gegenwärtig im Unterricht überhaupt nicht oder doch nur am Rande befriedigt. Der Mangel ist auf Dauer nur durch größere, intensivere Zusammenarbeit zwischen den Fächern abzubauen. Einen möglichst einfachen, praktikablen Weg bieten die drei Verfasser an.

Sie versuchen dabei zugleich Antwort zu geben auf den bekannten Ruf: »Rettet die Phänomene!« Dies geschieht hier dadurch, daß sich der Unterricht an Gegenständen orientiert und daß zum Experiment, zur selbständigen Anfertigung von Uhren angeleitet wird. Auch im Geschichtsunterricht sollte ja nach alter arbeitsunterrichtlicher Praxis gelegentlich gebastelt werden.

Denn es ereignet sich hier allemal, was auch die Vorführung der in diesem Beitrag abgebildeten schlichten Basteluhr, einer »Räderuhr« aus alltäglichem Material, während der Fortbildungstagung des Bayerischen Nationalmuseums bestätigte: ein gelungenes Experiment, einfaches, aber funktionierendes, alte Vorstellungen wieder in Bewegung setzendes Bastelgerät hebt Geschichte als Überlast des Vergangenen auf. Der Vergangenheitshorizont, dem der Gegenstand angehört, dringt in den Erlebnis- und Erkenntnishorizont des gegenwärtigen Betrachters ein, verschmilzt mit ihm und wird so nicht mehr nur erinnert, sondern vergegenwärtigt. Im Unterricht kann auf diesem Wege mehr gewonnen werden, als Worte jemals vermögen. Die künftige Bildungsaufgabe der Museen, ihr praktischer Beitrag zur Verbesserung des Unterrichts ist damit umschrieben. Die gebastelte Räderuhr verschafft ja nicht nur Verständnis für die ihr entsprechenden musealen Uhren, Automaten und Astrolabien, sondern Kenntnis eines für die europäische Geisteshaltung besonders wichtigen einmaligen Uhrentyps, der dank des angebotenen universalgeschichtlichen Materials nun verglichen, gewürdigt werden kann. Sie führt mit all dem zugleich hin zu zentralen Denkvorstellungen der europäischen Philosophie, berührt, umfaßt so eine zentrale Wurzel unserer gegenwärtigen Existenz: die Erfassung, Messung, Bewertung der Zeit.

2. Zeitmessung im Überblick

Uhren sind Geräte zum Messen der Zeit. Seit der Mensch entdeckt hat, daß er »seine Zeit einteilen« muß, arbeitet er an der Verbesserung der Uhren. Und seit er die einfachste Uhr, den Schattenstab, benützt, weiß er sich zugleich eingeordnet in größere Zusammenhänge:
Der Schattenstab, die Sonnenuhr, mißt kosmische Zeit. Die Beobachtung und Messung rinnenden Wassers oder rinnenden Sandes führt dagegen zu den Wasseruhren oder Sanduhren. Diese erbringen die elementare Zeit. Ist die Sanduhr die Erfindung eines unbekannten Europäers, so waren die Sonnen- und Wasseruhren schon in der Antike, im alten China und in Indien verbreitet.
Hier sollen einige Beispiele kosmischer und elementarer Uhren in ihren Meßergebnissen und in ihrer historischen Bedeutung geschildert werden, damit durch Vergleich die besondere Eigenart der Räderuhr besser verstanden werden kann. Diese ist eine zentrale europäische Erfindung des 13. Jahrhunderts, ist die erste und folgenreichste Maschine. Sie mißt weder kosmische noch elementare Zeit, sie mißt mechanische Zeit, jene Zeit, die die Lebensformen radikal veränderte und unser modernes Leben umfassend bestimmt. Aber die Räderuhr gibt nicht nur unsere täglichen Stundenmaße an, sondern, ebenso wie dereinst die Sonnenuhren, den Stand und Wechsel der Gestirne, sie besitzt also wie diese astronomischen Gehalt.
Dadurch ist der universale und instrumentelle Charakter all dieser Uhren gekennzeichnet. Sie sind nicht nur historische Gegenstände mit Schlüsselwert für verschiedene Kulturen, mit Modellcharakter für religiöse oder philosophische Vorstellungen. Sie sind als Meßgeräte zugleich Gegenstände der Physik. Deshalb kommen neben dem Geschichtslehrer zwei Physiklehrer zu Wort. Sie zeigen, was Uhren für den Unter-

richt in ihrem Fach bedeuten, freilich stets so, daß ihre Beiträge auch dem Selbststudium dienen können. Und sie führen die Betrachtung endlich hin zu jenen Uhren, die unsere Gegenwart bestimmen, zu den Quarzuhren, Atomuhren, kosmischen Uhren. Durch diese Uhren wurden ja die verschiedenen Anzeigen der Räderuhren mit ganz erstaunlicher Präzision erfüllt, weitergeführt, vollendet.

II. Historischer Teil
1. Die Sonnenuhren

Die Sonnenuhr mißt kosmische Zeit

Die einfachste Uhr kennen wir alle und haben wir schon oft erlebt. Das ist die Beobachtung und Abmessung des Schattens, den unser Körper zu einer bestimmten Zeit wirft. Schon eine griechische Anleitung sagt: »Du mußt die Stunden aus deinem Schatten abnehmen, indem du die Länge desselben mit deinen Füßen ausmissest, einen vor den anderen hinsetzend bis zu der Stelle, wohin bei vertikaler Richtung deines Körpers der Schatten deines Scheitels trifft«.
Noch im 16. Jahrhundert wurde in einem deutschen Uhrenbuch auf diese Möglichkeit verwiesen.
Der Körper wirkt hier als Schattenstab. Das führt zu einem wichtigen Uhrentyp: Zur Sonnenuhr. Sie mißt kosmische Zeit. Schon im Altertum wurde die Bewegung des Schattens im Lauf eines Tages um einen senkrecht in der Erde steckenden Schattenstab (Gnomon) beobachtet. Zu bestimmten Zeiten am Vormittag und am Nachmittag wirft der Stab einen gleich langen Schatten. Die Halbierende des Winkels zwischen den beiden Abständen wurde als Mittagslinie, d. h. als Meridian dieses Ortes ermittelt. Aber die anhaltende Beobachtung führte auch zur Entdeckung des kürzesten Mittagschattens zur Sommersonnenwende und des längsten Mittagschattens zur Wintersonnenwende.
Der Vergleich beider Daten und deren periodische Wiederholung erbrachte die Kenntnis des Jahres. Schließlich wurde festgestellt, daß die Angaben des Schattenmessers von der geografischen Breite des Ortes abhängig waren.
Zur Beobachtung der Sonne aber trat die Beobachtung der Gestirne bei Nacht. Der Wandel des Mondes führte auf den Monat, die Bewegung der Sterne auf den Tag.

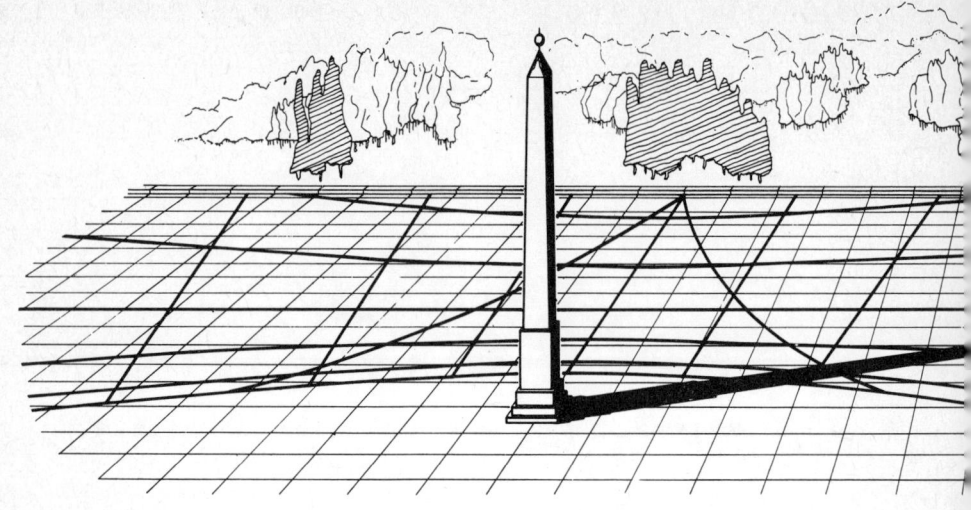

Obelisk des Kaisers Augustus in Rom

Nach der Eroberung Ägyptens ließ Kaiser Augustus einen von dort mitgebrachten Obelisk auf dem Marsfeld in Rom aufstellen. Er war 30 m hoch, hatte ein Zifferblatt, das mit Steinplatten ausgelegt war und in das mit vergoldeter Bronze die Linien für Stunden, Monate und vielleicht auch Tage eingelassen waren. Aber auch der Friedensaltar, die Ara Pacis des Augustus, war in die Anlage einbezogen. Am Geburtstag des Kaisers (23. September) wanderte die Schattenlinie in einer Länge von 140 m auf den Friedensaltar zu. Das Regierungsprogramm des Friedenskaisers sollte sich darin ausdrücken.
Der Obelisk steht heute auf der Piazza Montecitorio, ganz in der Nachbarschaft des früheren Standorts, das Zifferblatt liegt noch unausgegraben 10 m unter der Erde.

Äquatorial-Sonnenuhr aus Jaipur in Indien

Jai Singh (1686-1743) war Maharaja von Jaipur und Delhi. Er wollte die Ungenauigkeit der kleinen astronomischen Meßgeräte, der Quadranten und Sextanten, dadurch ausschalten, daß er ortsfeste astronomische Großbauten errichtete. So entstanden 5 Observatorien, von denen hier ein einzelner Bau

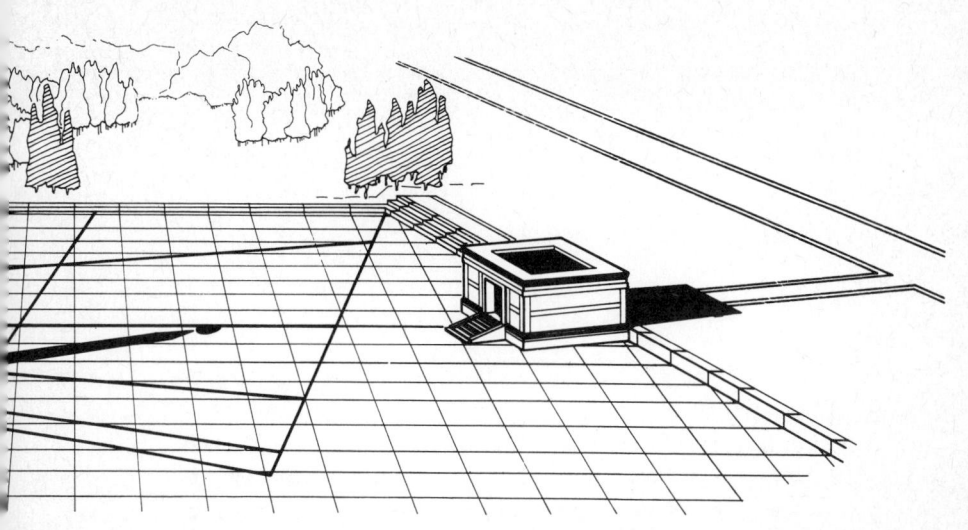

der Sternwarte von Jaipur (250 km südwestlich von Delhi), das sog. »Samrat Yantra«, das »wichtigste Instrument«, vorgestellt wird, — eigentlich eine riesige Äquatorial-Sonnenuhr. Der Gnomon hat die Form eines rechtwinkligen Dreiecks erhalten, dessen Hypotenuse auf 30 m zu einem Beobachtungspavillon

ansteigt, parallel zur Erdachse verläuft und direkt zum Himmelsnordpol weist.

Westlich und östlich schließen sich an die Meridianwand zwei Quadranten an. Sie bilden einen rechten Winkel mit der Hypotenuse, verlaufen parallel zum Äquator. Getragen werden sie von Türmen, die wieder durch Treppen zugänglich sind und ebenfalls Platz zur Beobachtung bieten. Der Westquadrant gibt am Vormittag, der Ostquadrant am Nachmittag die Zeit an. Die Gestirne werden mit dem bloßen Auge und mit Hilfe eines Stiftes beobachtet, der auf der Hypotenuse verschoben werden kann.

Die Bezeichnung »Yantra«, Instrument, Werkzeug besitzt neben der astronomischen auch religiöse Bedeutung. Denn durch die Anordnung entsprechend der Erdachse und dem Äquator bringt der Bau ja zugleich kosmische Gesetze zum Ausdruck. Sie werden hier nicht nur beobachtet, sondern über sie wird mit Hilfe des »Yantra« zugleich meditiert. Sofern ist dieser Kalenderbau ein Musterbeispiel funktionaler Architektur.

Sternförmige Reisesonnenuhr

Wird der Stern von seiner Grundfläche hochgeklappt und der Kompaß in seiner Mitte freigelegt, kann von den seitlichen Ziffern die Zeitangabe des Schattens abgelesen werden. Er geht von dem Polos, einem verbesserten Gnomon (Schattenstab) auf der Grundfläche des Sterns aus; dieser steht in Richtung zur Erdachse und verläuft senkrecht zum Äquator.

Sind diese Werte mit Hilfe des Kompasses ermittelt, bewegt

sich der Schatten zwischen den Stundenziffern mit der gleichen Geschwindigkeit wie die Sonne.
Reisesonnenuhren konnten beliebige Formen, meist von Kreuzen oder Ringen (sog. Bauernringen) haben und waren als Vorläufer unserer heutigen Taschenuhren weit verbreitet. Sie bildeten einen Hauptausfuhrartikel des Nürnberger Fernhandels. So lagerten beispielsweise 1484 in der Genfer Nie-

derlassung eines Nürnberger Handelsherrn allein 3060 solcher Taschensonnenuhren. Die Wissenschaft von der Zeitmessung gehörte zur Mathematik, somit zu den »Freien Künsten« und wurde nicht nur von Handwerkern, sondern auch von hohen Handelsherrn und Fürsten ausgeübt.
Das Vermögen dieser Wissenschaft, aus dem Sonnen- und Schattenstand die irdische Zeit abzulesen, stimmte jedoch den Nürnberger Pegnitzschäfer Harsdörffer sehr nachdenklich: »Sie ist so vermessen / daß sie einen Stab in die Erden pflantzet / wohin sie will / und solches mit etlichen Zahlen umbsetzend / Gebotsweiss Rechenschafft heischet von der Sonnen Weltweiten Tagraisen. Der Sonnenhimmelswagen kann nicht einen Schritt hinder sich bringen, welches Stuffen durch den Schattenstreiff nicht auf der Erden sollten erkantlich seyn.«

2. Die Wasseruhren

Die Wasseruhr mißt elementare Zeit

Wasseruhren waren in der Antike weit verbreitet, aber auch Arabern und Chinesen bekannt. Wir unterscheiden die Auslaufs- und die Einlaufsuhr, ferner die Klepshydra, den Wasserstehler, eigentlich die einfache Form eines Wasserhebers aus Ton. Er bestand aus einem Rohr, das oben eine Öffnung, unten eine kapselförmige durchlöcherte Erweiterung besaß. Sobald man den Finger von der Öffnung nahm, entströmte Wasser. War der Heber geeicht, konnte die Zeit abgelesen werden, beispielsweise die Redezeit bei Gericht. Wurde doppelte Zeit bewilligt, hieß es in Rom: »Clepsydras, clepsydris addere«, unterbrach der Richter, sagte er »Aquans sustinere«. Tacitus nannte diese Wasseruhren daher: »Zügel der Beredsamkeit«.

Die ägyptische Auslaufuhr I aus Theben (ca. 1400 v. Chr.)

a) Inneres:
Die Wandung ist ein Kegelstumpf aus Alabaster mit einer Mantelneigung von 70°. Wenn das Wasser aus einer kleinen Öffnung, unten beim Gefäßboden, aus der gefüllten Uhr ausfließt, kann der sinkende Wasserspiegel von den 12 Skalen auf der Innenwand abgelesen und so eine Zeitanzeige gewonnen werden. Die Skalen gelten den 12 Monaten des Jahres, geben jeweils die mit den Tageslängen wachsenden und schrumpfenden 12 Temporalstunden an.

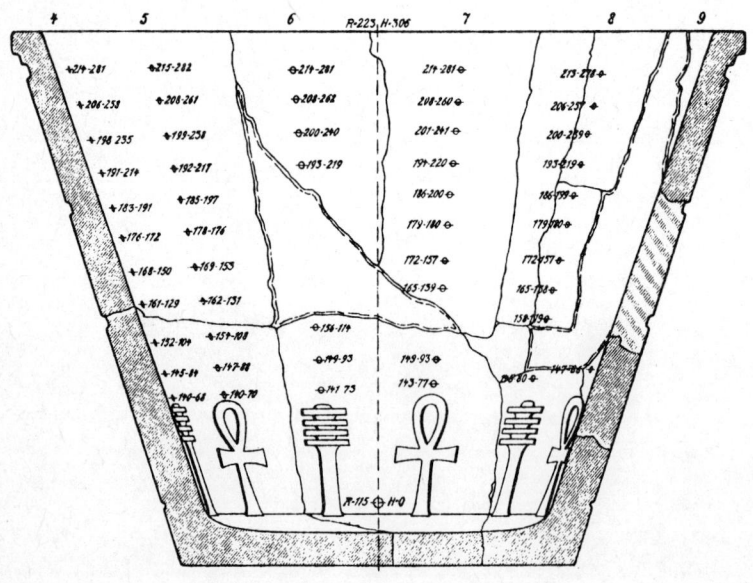

b) Äußeres:
Stunde, Tag, Monat, Jahr konnten also an der Uhr abgelesen werden. Was das bedeutet, drücken die drei Bildstreifen aus, die die Uhr außen gliedern und zieren. Der untere Streifen zeigt den König mit den 12 Monatsgöttern. Über der Ausflußöffnung befand sich ein Hundskopfaffe, Zeichen des Gottes Thot. Der mittlere Gürtel bringt Bilder von Planeten und Fixsternen, namentlich von Dekansternen, also von Sternbildern, nach denen die Stellung der Sonne im Lauf eines Jahres bezeichnet wurde.

c) Deutung:
An einer Stelle zieht über den mittleren und oberen Bildstreifen eine größere Darstellung hinweg. Hier tritt wieder Gott Thot auf, er beschützt den König, der eben dem Sonnengott Hamarchis opfert. Der Name besagt eigentlich »Horus (als Sonnengott) im Horizont (der Aufgangspunkt)«, spielt also wieder auf die Zeitmessung an. In gleicher Weise ist Thot der Gott des Wissens und des Kalenders, der die Mondphasen berechnen konnte. Die Meßergebnisse im Innern der Uhr besitzen also zugleich religiösen Gehalt. Nicht zufällig stand die Uhr in einem Tempel bei Theben und wurde bei der Beobachtung der Sterne und beim Ablesen der Monatswerte einmal im Jahr umschritten.

d) Erfinder:
Amenemhet, der Erbauer dieser Auslaufuhr, ist der »erste namentlich bekannte Physiker der Alten Welt«. Er lebte zwischen 1565 und 1534 v. Chr. und war »Führer des königlichen Siegels«, also Beamter. Auf seinem Grabstein stand: »Ich machte eine Mrhyt (d.h. ein Gerät, an dem man die Stunde erkennt), berechnet auf das Jahr«. Seine 12 Skalen zeigten an, daß die Winternacht 14 Stunden, die Sommernacht 12 Stunden dauert.

e) Nachbildungen:
Das Original befindet sich im Museum von Kairo. Nachbildungen gibt es in London, in Kassel und im Deutschen Museum in München.

Die Einlaufuhr von Ktesibios in Alexandrien

Vitruv beschrieb die Arbeitsweise der Uhr: »An der Säule steht eine weibliche Figur, aus deren Augen fortwährend Wasser tropft, das in einer Röhre abfloß zu einem Schwimmer, der eine zweite weibliche Figur langsam in die Höhe trieb. Mit einem Stab zeigte die Figur die Stunde an. Hatte die Figur zweimal zwölf Tages- und Nachtstunden durchlaufen, so öffnete sich an der Schwimmerröhre ein Ventil, wodurch das Wasser auf ein Wasserrad abfloß, das wiederum das Räderwerk in Be-

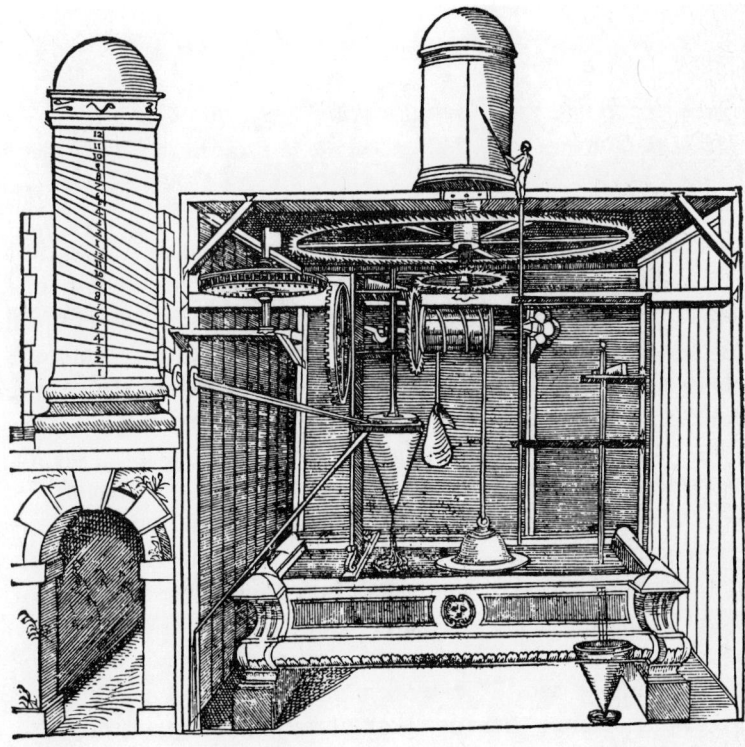

wegung setzte und die Säule um einen Tag weiterrückte. Innerhalb von 30 Tagen drehte sich so die Säule um ihre eigene Achse. Hatte sich an einem Tag die Schwimmerröhre gänzlich entleert, sank die Figur mit ihrem Schwimmer rasch auf den alten Stand zurück, schloß das Ventil und begann von neuem die Stunden anzuzeigen.« Ktesibios, der geniale Erfinder dieser Einlaufuhr, wirkte unter Ptolemaios Philadelphos (285-247 v. Chr.) in Alexandrien. Eine Nachbildung befindet sich im Deutschen Museum in München.

Die astronomische Wasseruhr von Su-Sung in China (1094 n. Chr.)

a) Inneres und Äußeres:
Die Uhr besteht aus einem 10 m hohen Holzturm, der in drei verschieden große Abteilungen gegliedert ist. Von dem mächtigen wassergetriebenen Antriebsrad geht eine horizontale Welle aus. Sie endet in einem Zahnrad, das die Kraft auf die vertikale Hauptachse der Uhr überträgt. Von dieser Hauptachse aus wird mit Hilfe eines Triebs zunächst eine der kreisförmigen Platten des Zeitanzeigers in Bewegung gesetzt, mit ihr dann alle 5 Stockwerke des Zeitanzeigers zusamt seiner Figuren. Treten die Figuren infolge der Drehung in den pagodenförmigen Ausbau auf der Vorderseite des Turmes ein, läuten sie Glocken oder schlagen sie Gongs oder Trommeln; andere Figuren tragen Täfelchen mit Angaben über die Zeit.
Die Mittelachse des Zeitanzeigers dreht auch noch den Himmelsglobus in dem Stockwerk unmittelbar darüber. Er lagert in einem Kasten, der den komplizierten Mechanismus der

Kraftübertragung in einem Winkel von 45° verdeckt. Das Astrolabium auf der Plattform des Turms wird dagegen wieder durch die Hauptachse der Uhr und schräge Achsen gedreht.

b) Mechanismus der Uhr:
Wichtig für die gleichmäßige Bewegung waren die gleichmäßige Wasserzufuhr und der Einbau einer Hemmung, derzufolge das

Wasserrad in bestimmten Zeiteinheiten einrastete und zwar jeweils 2 Minuten und 24 Sekunden. Das war zugleich ein Sechshundertstel eines Tages von 24 Stunden und führte im Verlauf eines Tages zu einer Umdrehung. Denn alle Getriebe besaßen Zahnräder mit 600 Zähnen. Jeder Einzelschritt machte den sechshundertsten Teil der Gesamtbewegung aus, die sich allen Instrumenten der drei Abteilungen mitteilte. So konnten neben den wechselnden Stellungen der Sonne auch die von Mond und Planeten festgehalten und mit Hilfe des Astrolabiums durch genaue Beobachtung überprüft werden. Die Grundidee der mechanischen Hemmung taucht bereits hier auf.

c) Deutung:
Stimmten die Beobachtungsergebnisse mit dem Astrolabium nicht mit den Anzeigen der Uhr überein, mußte die Uhr nachgestellt werden. Dazu kam es öfter wegen der komplizierten Antriebsmechanismen und des durch Reibung entstehenden Energieverlustes. Dennoch bildete diese astronomische Uhr den Höhepunkt einer neunhundertjährigen Entwicklung; sie besitzt eine Schlüsselfunktion zum Verständnis chinesischer Kultur. Durch ihre Zeitanzeigen verbürgte sie die Richtigkeit des chinesischen Kalenders. Auf ihm beruhte ja das Wohlergehen des Staates: Sonnen- oder Mondfinsternisse konnten nach chinesischer Auffassung ja Naturkatastrophen auslösen und zu politischem Mißgeschick führen.

d) Erfinder:
Sofern kann es nicht überraschen, daß Su-Sung, der Konstrukteur der Uhr, zugleich Hofbeamter, ein Finanz- und Verwaltungsspezialist war.

e) Nachbildung:
Die Uhr wurde 1126 n. Chr., als der Kaiserhof in Kaifeng erobert wurde, zerstört; dank einer erhaltenen Beschreibung entstand eine Rekonstruktion.

3. Die Sanduhren

Die Sanduhr mißt elementare Zeit

Die Sanduhr befindet sich in einem Holzgehäuse; sie besteht aus zwei zwiebelförmigen Glaskugeln, die an ihren Spitzen durch eine Öffnung und ein durchlöchertes Metallplättchen miteinander verbunden sind. Diese Öffnung und das Plättchen sind mit Pech verkittet, mit Stoff umwickelt und verschnürt. Die Größe des Loches im Plättchen und die Eigenart des gebrannten roten Sandes oder pulverisierter weißer Eierschalen bestimmen die Zeitangabe; sie wird nicht vorausberechnet, sondern beruht auf handwerklichen Erfahrungswerten.
Die Dauer von Predigten, die Redezeit vor Gerichten wurde durch Sanduhren festgehalten. Am wichtigsten war aber ihre Verwendung auf Schiffen. Dort hatten Sanduhren gewöhnlich eine Laufzeit von einer halben Stunde, deren Ende durch Glockenschlag verkündet wurde. Eine Schiffswache dauerte »Acht Glasen«, also 4 Stunden. Das Logglas lief bereits in 14 Sekunden aus und diente mit Hilfe der abgewickelten Knoten zur Geschwindigkeitsmessung. 1 Knoten entsprach einer Seemeile pro Stunde. — Die Sanduhr geht auf das europäische Mittelalter, nicht auf die Antike zurück. Der Erfinder ist unbekannt.

Albrecht Dürer, Der Hl. Hieronymus in der Zelle

Der Kupferstich atmet Behaglichkeit und Stille. Der Heilige ist in eine Niederschrift vertieft. Über ihm hängen sein Hut und eine Sanduhr. Vor ihm steht am Tischrand ein Kruzifix, auf dem Fensterbrett ruht ein Totenkopf. Auf dem Fußboden schlafen Hündchen und Löwe friedlich nebeneinander.
All das verstärkt den Eindruck von Geborgenheit, Frieden und Majestät. Aber Sanduhr und Totenkopf verweisen darauf, daß gleichwohl die Zeit verrinnt und einem Ende zugeht.
Der in seine Studien versunkene Gelehrte weiß das, bejaht und nützt das. Die Kontemplation verhilft zum Verstehen der Sanduhrzeit. Über sie schreibt E. Jünger am Beginn seines Sanduhrbuches: sie »lebt in uns allen ... tief auf dem Wesensgrund. Sie ist etwas anderes als die Zeit der mechanischen Uhren, etwas anderes auch als die Sonnenzeit«. Wir erfahren die Sanduhrzeit beim Blick auf den im Glas verrinnenden Sand als ganz persönliches Erlebnis. Fragen entstehen: Wie nütze ich meine Zeit? Was habe ich bereits mit ihr angefangen? Daher wird dem Tod häufig neben der Hippe die Sanduhr zum Zeichen des »Memento mori« beigegeben.

4. Räderuhren

Wir basteln eine Räderuhr

Konstruktion der Basteluhr Peter Fries:
Die Räderuhr hat die Welt verändert; sie war die erste wichtige Maschine des Abendlands, der bald weitere folgten. Dennoch

sind die Grundgedanken so einfach, daß man selbst das Modell einer solchen Räderuhr anfertigen kann. Natürlich wird so keine genau gehende Uhr entstehen können, aber wer so ein Modell baut, wird genau verstehen, wie eine Räderuhr im einzelnen funktioniert.
Die Hilfsmittel sind in jedem Haushalt schnell gefunden: eine leere Kaffeedose aus Blech, ein höherer Büchsendeckel, 2 Stricknadeln von verschiedener Stärke (3 mm und 1 mm), 2 Bierdeckel, Nägel (1 cm), Faden, Hölzchen von verschiedener Länge, eine Spule (bzw. leere Filmdose), ein Schlüssel oder eine Schraube und eine feste Unterlage in beliebiger Form.
Beim Zusammenfügen des Modells müsen die folgenden Arbeitsschritte eingehalten werden:
1. Wir bohren in das obere Drittel der Kaffeebüchse, etwa in Höhe von 12 cm, in gleicher Höhe zwei Löcher. In diese Löcher wird die stärkere Stricknadel hineingesteckt. Wir gewinnen so die »Lagerwelle«, an der dann das Rad unserer Uhr angebracht wird.
2. Dieses Rad, eigentlich das »Zahnrad«, besteht aus beiden Bierdeckeln. Sie werden zur Verstärkung zusammengeklebt und erhalten an ihrem Rand 15 Nägel (= Zähne) im gleichen Abstand. Am besten folgen wir beim Einschlagen dem äußeren Ring des Aufdrucks. Danach wird in die Mitte der Bierdeckel ein Loch gebohrt und dieses durch Klebstoff mit der »Lagerwelle« fest verbunden. Jetzt kann die »Lagerwelle« mit dem Rad in die Büchsenlöcher eingeschoben werden. Sie erhält an ihrem rückwärtigen Ende eine Fadenspule (bzw. Filmdose).
Diese wird ebenfalls an der Welle festgemacht. Nun muß sich die Welle in der Büchse drehen, zugleich Rad und Rolle bewegen können. Bewegung erhalten wir dadurch, daß wir an der

Fadenspule einen Faden mit einem Schlüssel oder sonstigen Gewicht anhängen, aufwickeln und dann ablaufen lassen.
3. Wir haben bis jetzt den einfachen Mechanismus des bewegten Rades vor uns, wie er einem Wagen oder einer Mühle entspricht, aber wir haben noch keine Uhr. Sie entsteht erst dadurch, daß die Bewegung mit Hilfe von Spindel und Waag einen streng geregelten, veränderbaren Ablauf erhält. Mit Hilfe der Spindel läßt sich die Bewegung hemmen, mit Hilfe der Waag läßt sie sich beschleunigen oder verlangsamen. Unsere Spindelwelle entsteht aus der dünnen Stricknadel, die Waag aus den verschiedenen Hölzern.
4. In die dünne Stricknadel biegen wir in Höhe der Nägel zwei Ausbuchtungen, sog. »Spindellappen« ein, die um 90° versetzt sind. Zeigt der obere Lappen nach rechts, wendet sich der untere nach links und zwar jeweils so, daß ein Lappen an einem Nagel hängen bleibt, der andere sich aber in dem leeren Zwischenraum zwischen den Nägeln befindet. Wird nun das »Zahnrad« mit Hilfe des ablaufenden Gewichts in Bewegung gesetzt, rastet jeweils ein anderer Lappen an den Nägeln ein. Er ruht aber nicht, sondern wird durch die Kraft des bewegten Rades weggeschoben. In diesem Augenblick trifft aber bereits der entgegenstehende »Spindellappen« unten auf einen anderen Nagel. Wird auch dieser weggeschoben, beginnt der mechanische Ablauf der Uhr, bis der Faden abgespult ist.
5. Das Zahnrad treibt an, erhält aber durch die wechselseitigen Eingriffe der Lappen einen durch die Zahl der Zähne streng geregelten Takt. Die Uhr beginnt zu ticken. Mit ihr entsteht die mechanische Zeit, die viel genauer, viel einfacher zu gewinnen ist als die elementare Zeit, etwa der Sternenuhr Su-Sungs, die an die Wasserkraft, an einen mühlenähnlichen

Betrieb mit zahlreichen Reibungsverlusten, gebunden blieb. Der Erfinder der Räderuhr hat demgegenüber ein Experimentiergerät mit den Eigenschaften der idealen Maschine geschaffen; Antrieb, Ablauf, Geschwindigkeit stehen uneingeschränkt unter seiner Kontrolle, er braucht ja nur die Gewichte, die Zahnräder oder die Waag nach seinen Beobachtungswerten zu verändern.

6. Aber wir müssen die Waag erst noch »konstruieren«. Sie ist jener Teil der Uhr, an dem die Spindelwelle aufgehängt und durch den ihre Ablaufgeschwindigkeit bestimmt wird. Für uns besteht die Aufhängung aus einem Holzbrettchen (15 cm lang, 1 cm breit), in das wir vorne in der Mitte ein Loch bohren. In dieses Loch stecken wir das obere Ende der Spindelwelle, dann kleben wir das Längsholz auf die Büchse. Nun errichten wir die »Waag«. Sie besteht sonst aus Metall und trägt verschiedene Gewichte, die die Ablaufgeschwindigkeit regeln. Uns genügt ein weiteres Holzbrettchen, 20 cm lang, 1 cm breit, 1 mm stark. Es wird oberhalb des Längsholzes auf die Spindelwelle geschoben und auf ihr festgeklebt. Daraufhin wird die Welle zu einer Öse umgebogen. An ihr soll die Spindel zuletzt noch aufgehängt werden, damit sie sich möglichst frei drehen kann. Diese Aufhängungsvorrichtung hat etwa die Form eines Galgens, der auf dem Längsbalken der Büchse fest aufsitzt. An diesem Galgen wird nun die Öse mit einem Faden an einer leicht eingekerbten Stelle angebunden.

Aber die »Spindelwelle« muß auch noch an ihrem unteren Ende sicher sitzen. Dazu verwenden wir einen Büchsendeckel, in den wir ein Loch bohren. In dieses Loch wird die »Spindelwelle« eingeführt. Dabei müssen wir beachten, daß die »Spindelwelle« senkrecht steht und mit ihren Lappen in die »Zähne« des »Zahnrades« an der richtigen Stelle eingreift. Zu dem

Zweck werden wir die Büchse auf der Unterlage noch etwas verschieben müssen, bis sie festgemacht werden kann. Lassen wir das Gewicht von der Spule ablaufen, bewegt sich unser Modell einer Räderuhr, eine Maschine, die uns gehorcht, ganz nach unserem Bedarf. Wir stellen sie nach entsprechender Zeitbeobachtung so lange ein, bis sie »richtig« geht. Eine Sonnenuhr bleibt demgegenüber in voller Abhängigkeit von dem Schattenwurf der Sonne, den wir nicht gestalten, nur beobachten können und der oft genug auch ausfallen kann. So bindet uns die Sonnenuhr in große kosmische Zusammenhänge ein. Ähnlich verhält es sich mit den elementaren Uhren, den Wasser- und Sanduhren. Ihre Zeitangaben bleiben gebunden an die Elemente, die der Zeitmessung dienen.

Zur Konstruktion von Räderuhren

Bei der Räderuhr werden die Zeiger in der Regel durch das Absinken des Antriebsgewichts oder durch die Entspannung einer gespannten Feder bewegt. Dabei wird ein Räderwerk mit Zahnrädern verwendet, um die Zeiger jeweils mit der richtigen Geschwindigkeit zu drehen. Damit der Ablauf der Uhr nicht zu schnell erfolgt, ist ferner eine Hemmung in Form eines Steigrades mit Pendel oder mit »Zeitwaag« erforderlich.

1. Der Antrieb
Auf der Achse A sitzt die Seilscheibe S, in deren Rille das Seil S' mit dem Antriebsgewicht G und dem Spanngewicht g läuft. Ist die Uhr aufgezogen, d.h. das Gewicht G ganz oben, so wird die Seilscheibe in Pfeilrichtung gedreht. Weil dabei die Sperrklinke K in einem Sägezahnzwischenraum der Seilscheibe einrastet — die Feder F sorgt dafür, daß dies immer der Fall ist — wird auch das Zahnrad Z mitgedreht. Beim Aufziehen der Uhr dreht sich die Seilscheibe S entgegengesetzt zur Pfeilrichtung, die Sperrklinke K öffnet sich, das Zahnrad Z bleibt stehen.

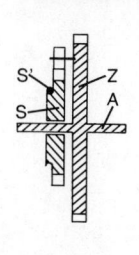

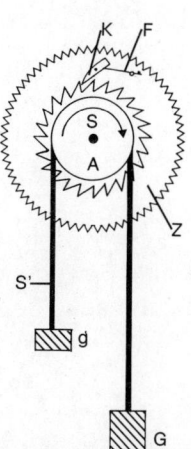

2. Die Übersetzung

In das Zahnrad Z greift das Zahnrad z ein, das weniger Zähne besitzt. Wenn sich Z einmal dreht, so dreht sich z häufiger; wie oft, das hängt vom »Übersetzungsverhältnis« der beiden Zahnräder ab.

Hat beispielsweise Z viermal soviel Zähne wie z, so dreht sich z bei einer Umdrehung des großen Zahnrades Z viermal.

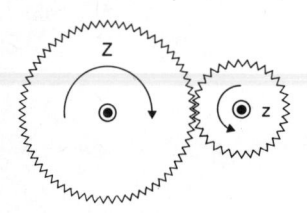

Verbindet man z fest mit einem größeren Zahnrad Z′ auf gemeinsamer Achse, so dreht sich dieses ebenso schnell wie z, d.h. im Beispiel viermal so schnell wie Z. Ein weiteres nachgeschaltetes kleines Zahnrad z′ dreht sich noch schneller - im Beispiel 4 x 4 mal = 16 mal bei einer Umdrehung von Z.

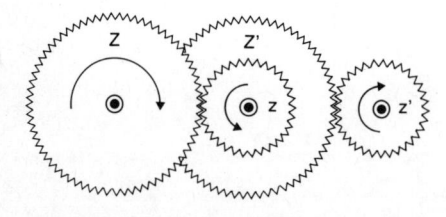

Die Zahnräderpaare »klein — groß« lassen sich mehrfach aneinanderreihen, so daß eine kleine Bewegung von Z eine sehr große Bewegung des letzten Zahnrades bewirkt.

3. Die Zeiger

An geeigneten Zahnrädern des Räderwerks werden die Zeiger befestigt. Durch die Wahl des Übersetzungsverhältnisses muß man nur dafür sorgen, daß der Sekundenzeiger 60mal so schnell ist wie der Minutenzeiger und der Minutenzeiger 12mal so schnell ist wie der Stundenzeiger.

Hat beispielsweise das Zahnrad des Sekundenzeigers 30 Zähne, so muß das Zahnrad des Minutenzeigers 30 mal 60 Zähne haben, d.h. 1.800 Zähne. Das ist technisch nicht vertretbar, deshalb schaltet man noch weitere Räderpaare »groß-klein« zwischen Sekundenrad und Minutenrad. Ähnlich verfährt man zwischen Minutenrad und Stundenrad.

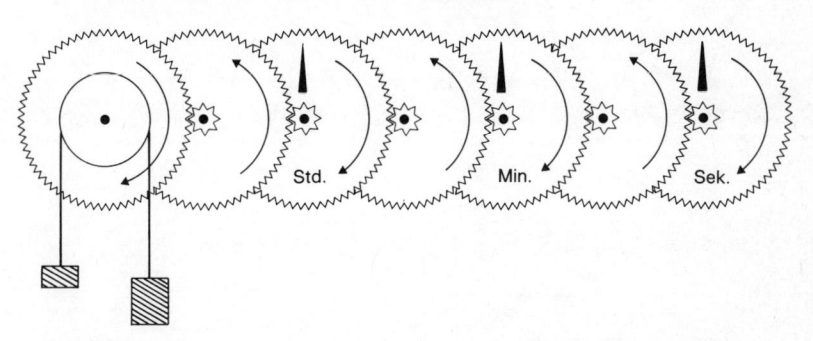

Bei einer Umdrehung des Stundenrades macht das Minutenrad 12 Umdrehungen, das Sekundenrad 720 Umdrehungen.

Setzt man allerdings zu viele Räderpaare hintereinander, so bleibt die Uhr infolge der Reibung an Achslagern und Zähnen stehen. Verwendet man hingegen zu wenig Räderpaare, so muß man die Uhr zu oft aufziehen.

4. Die Hemmung

Das Uhrwerk, wie wir es bisher kennengelernt haben, bewegt zwar die einzelnen Zeiger im richtigen Verhältnis der Geschwindigkeiten zueinander, läuft jedoch insgesamt viel zu schnell ab. Es ist deshalb noch eine Hemmung nötig. Diese sorgt dafür, daß der Sekundenzeiger in jeder Sekunde um einen Teilstrich vorrückt. Am einfachsten geschieht dies mit einer »Zeitwaag«, die gleichmäßige Drehschwingungen ausführt.

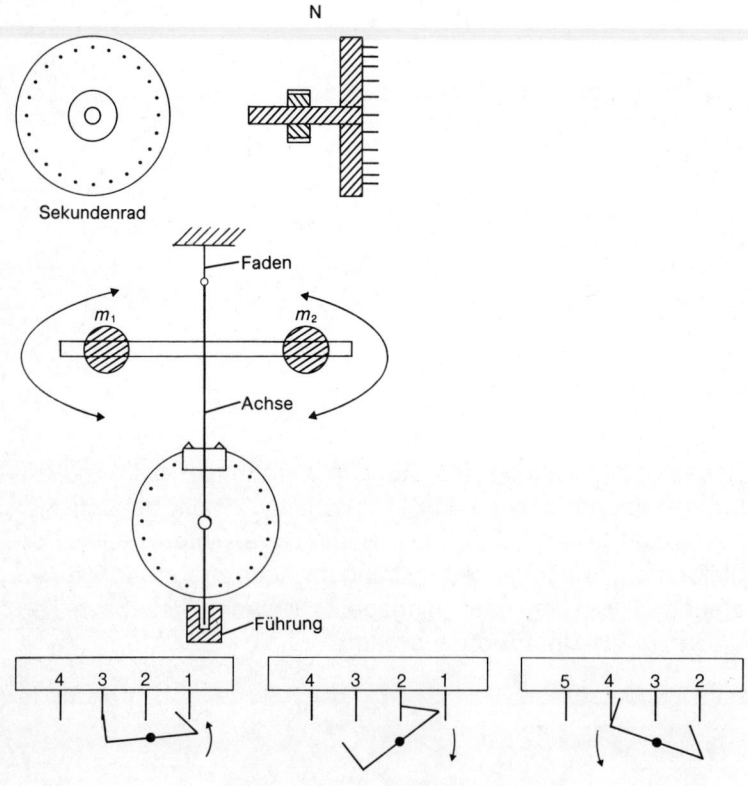

Klaue von oben mit Ausschnitt von N

An das Sekundenrad wird eine Scheibe N angesetzt, die waagrechte Stifte trägt. In diese Stifte greift die Zeitwaag mit einer ihrer Klauen ein und verhindert so lange das Drehen des Rades, bis sie sich jeweils weit genug gedreht hat.

Durch Verschieben der Körper m_1 und m_2 auf dem »Waagbalken« läßt sich die Schwingungsdauer verändern und damit die Ganggeschwindigkeit der Uhr regulieren.

Bei jedem Anstoßen des Stiftes an die Klaue wird die Zeitwaag erneut angestoßen, so daß die Uhr nicht stehenbleibt: Die Zeitwaag führt eine ungedämpfte Drehschwingung aus.

Bei Pendeluhren übernimmt die Aufgabe der Zeitwaag ein Stangenpendel mit Steigrad, bei Taschen- und Armbanduhren eine »Unruh« mit Steigrad und Anker.

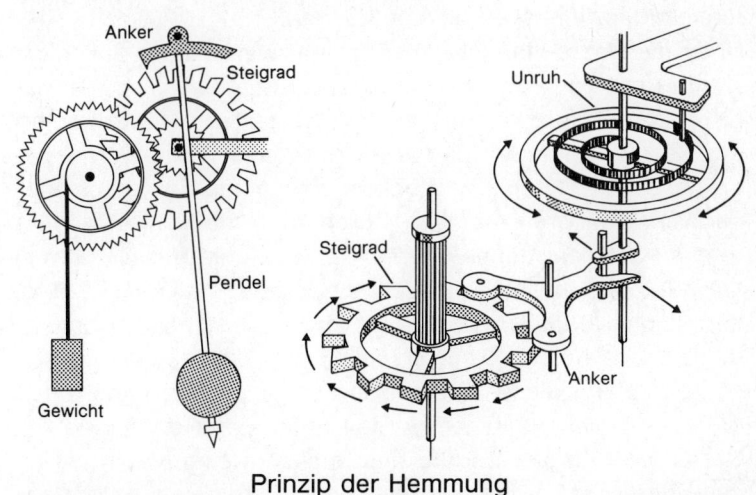

Prinzip der Hemmung

mit Stangenpendel   mit Unruh

Tischuhr von Hans Gruber

Über einer flachen Konsole sitzt die feuervergoldete, von Ziersäulen gerahmte Uhr. In der Gebälkzone über ihrem Zifferblatt befindet sich die Glocke für das Stundenschlagwerk, eingefaßt in eine spitzhelmartige Verzierung. Die Vorderseite trägt ein großes Zifferblatt, das in mehrere konzentrische Ringe unterteilt ist. Der größte Zeiger weist auf den ersten Ring mit der Angabe von 2 x 12 Stunden (Kleine Uhr), der zweitgrößte Zeiger auf die Angabe von 1 x 24 Stunden (Ganze Uhr), die beiden kleinen Zeiger weisen auf einen Kranz mit den Tierkreiszeichen, sie geben die Stellung von Sonne und Mond im Tierkreis an. Weiter nach innen folgt ein Aspektenschema, mit dessen Hilfe die Abstände von Sonne, Mond und Planeten untereinander gemessen werden können.
Unter diesem großen Zifferblatt folgen zwei kleinere, links eine Kleine Uhr (1 x 12 Stunden), rechts ein Minutenzähler. Mit Hilfe der über die ganze Vorderseite verteilten Knöpfe konnte das Schlagwerk lauter und leiser geschaltet oder auch abgestellt werden. Durch ihre Glockenschläge und die verschiedenen vergleichbaren Angaben, durch die ermöglichte Orientierung an Sternen, Sonne und Mond, wurde die Uhr ein universales Instrument, sich in der Welt zurecht zu finden. Mit all dem erinnerte die Uhr aber zugleich an die ständig verrinnende, unwiederholbare Zeit. Schmuck und Zier der Uhr sollten der Vertiefung dieses Erlebnisses im Sinne des christlichen Weltbildes dienen: daher wurden unter der Gebälkzone die Namen des Herstellers und des Besitzers eingraviert und an den Seiten neben horizontalen Sonnenuhren zwei Reliefs angebracht. Sie erinnern an den Gott der Bibel, der allein die verfließende Zeit durch wundersamen Eingriff zum Stillstand, ja zur Rückwärtsbewegung veranlassen konnte.

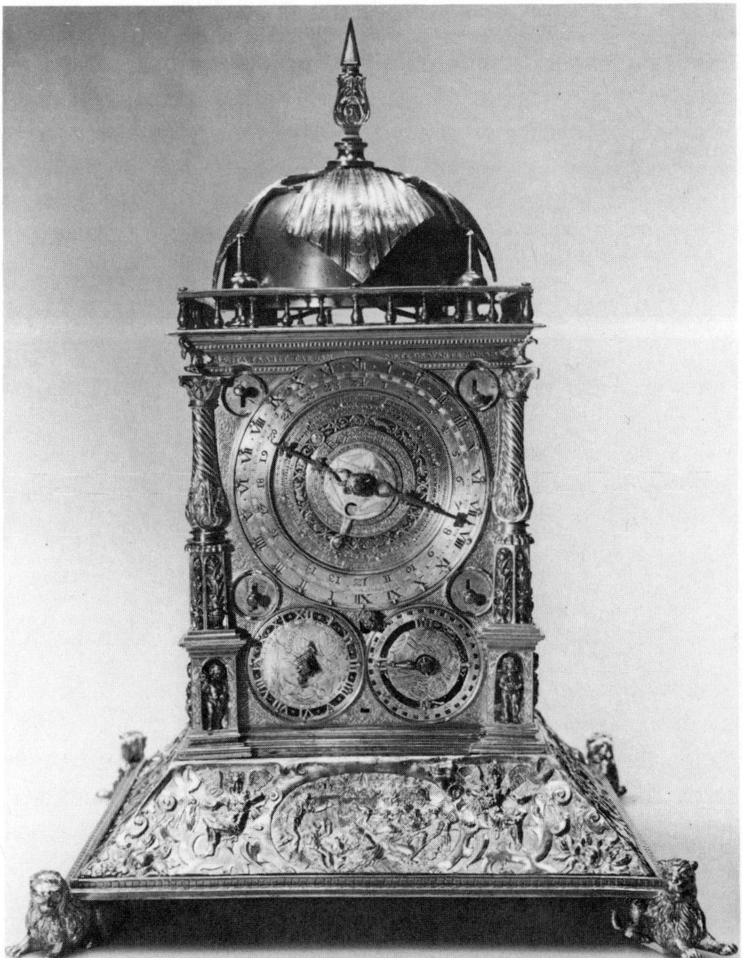

Die Abbildungen beziehen sich auf die Schriftstellen des Alten Testaments: »Nicht Menschenwerk ist es, Sonne und Mond zum Stillstand zu bringen und den erhabenen Gang der Natur zu verändern. Dieser Vorzug fällt nur dem Herrn des Himmels zu.
Wie groß warst du, Josua, der du die Gestirne der Welt in ihrem Lauf behindertest.« - »Das Schicksal des Hiskija geht aus in dreimal fünf Jahren. Gegen seine Natur bewegt sich der Himmel zurück. Alles zu können ist Gott leicht. Wie groß ist jene Kraft, daß sich der bewegliche Schatten um zehn Stufen zurückbiegt.« Die beiden Schriftstellen spielten in der Auseinandersetzung der katholischen Kirche mit dem den Räderuhren zugehörigen mechanistischen Weltbild eine große Rolle, besonders in dem Prozeß gegen Galilei. Auf der Uhr sind also noch zwei Weltdeutungen völlig unproblematisch vereint, die später zu harter Auseinandersetzung führen sollten.

Spiegeluhr von Johann Martin (Augsburg 1669)

Spiegeluhren werden auch als Monstranzuhren bezeichnet, tatsächlich erinnert der Aufbau dieser Uhr an eine Monstranz. Im Sockel ist die Stundenglocke verborgen. An der Stelle des Strahlenkranzes befindet sich das Zifferblatt mit seinen verschiedenen Angaben, darüber folgt in einem kleinen bekrönenden Aufsatz das Weckwerk der Uhr. Aus dem Zifferblatt schwingen vergoldete Eichblattgirlanden hervor, sie lenken den Blick spielerisch auf das Zeigerwerk, verleihen allen Angaben festliches Gepräge. So gewinnt die »Sprache« der Uhr: ihre Zeiger, Zahlen, ihr Weckwerk, ihre Stundenglocke und

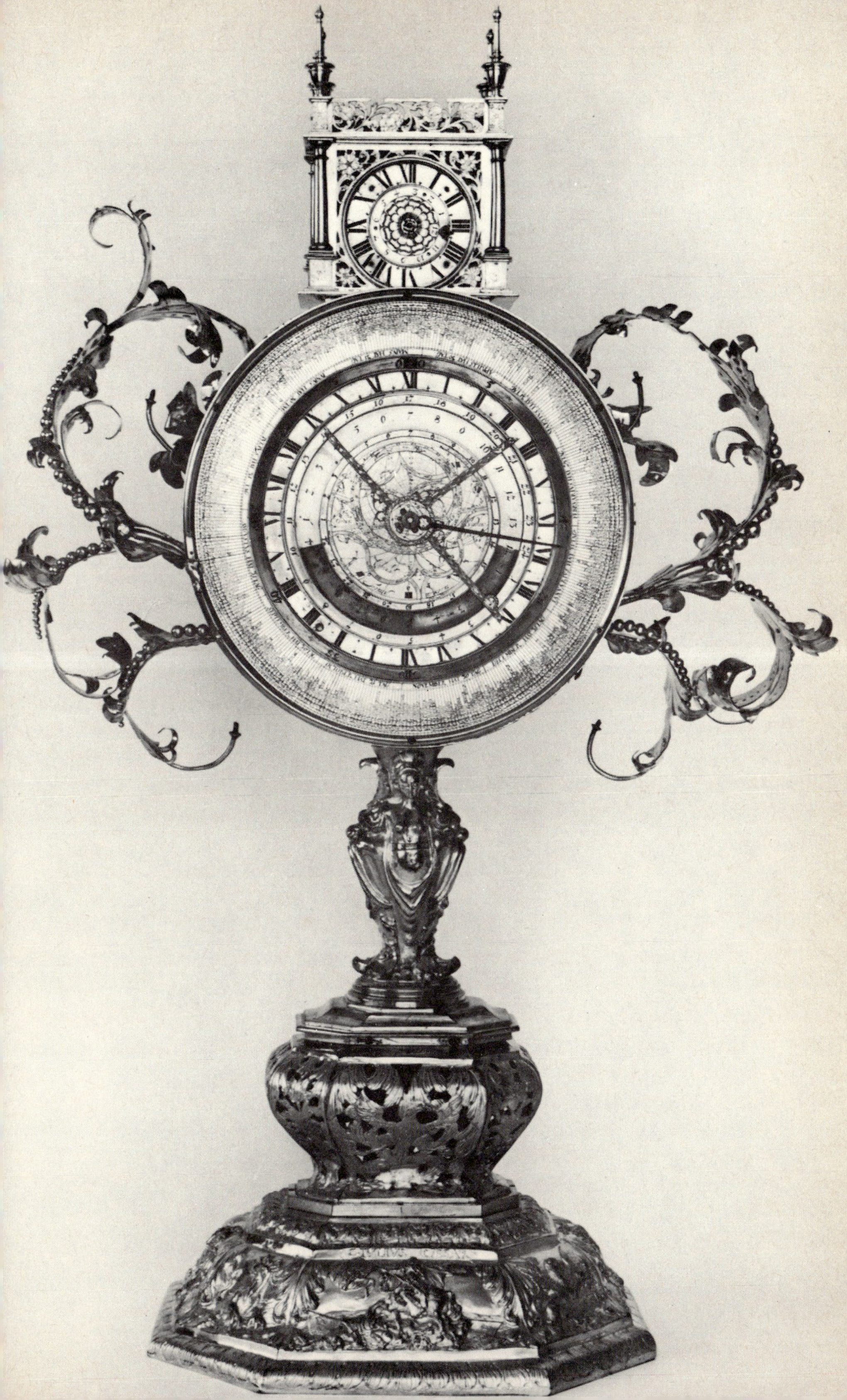

das unaufhörliche Ticken den Eindruck einer großen Kostbarkeit. Erst wenn man sich die Uhr »bewegt« vorstellt, erfaßt man ihre Schönheit.

Im einzelnen werden angegeben: auf dem äußeren breiten Ring: Monat, Tagesdatum, Tagesbuchstaben nebst Heiligennamen, auf dem zweiten schmalen, dunklen Ring die Minuten, dann folgen die Kleine Uhr (2 x 12 Stunden), die Ganze Uhr (24 Stunden), Segmente für die Tag- und Nachtlänge sowie in der Mitte die sich drehende Sternkarte (Astrolabium).

Auf der Rückseite sind von den verschiedenen Zifferblättern abzulesen: Wochentage, Monate, geschlagene Viertelstunden und Stunden nach den verschiedenen Uhren.

Außerdem ist »Johann Martinus, Augsburg« eingeprägt, der Name des Uhrmachers, der mit dieser Uhr 1669 sein Meisterwerk schuf.

Planetenuhr von Jost Bürgi

Schmuck und Zierformen treten auf der Uhr zurück; sie ist in erster Linie ein Zeitmeßgerät zur Beobachtung der Sterne und gestattet einen Vergleich zwischen dem geozentrischen und dem heliozentrischen Weltsystem. Auf dem unteren Zifferblatt ist das geozentrische System mit der Erde im Mittelpunkt dargestellt. Der Sonnenzeiger wandert in einem Tag um das Zifferblatt und wandert in einem Jahr durch den Tierkreis. Aufgewiesen werden jeder zweite Tag, die Monate, sowie, auf die Außenfläche der Uhr eingraviert, wichtige Kalenderheilige. Aber die Uhr besitzt auch noch einen Mondzeiger, der die Mondphasen, Halbmond, Mondviertel usw. angibt und seinen Kreis in einem Monat beschreibt. Dann folgt noch der Drachenzeiger, der 18 1/2 Jahre zu seiner Umdrehung gegenüber

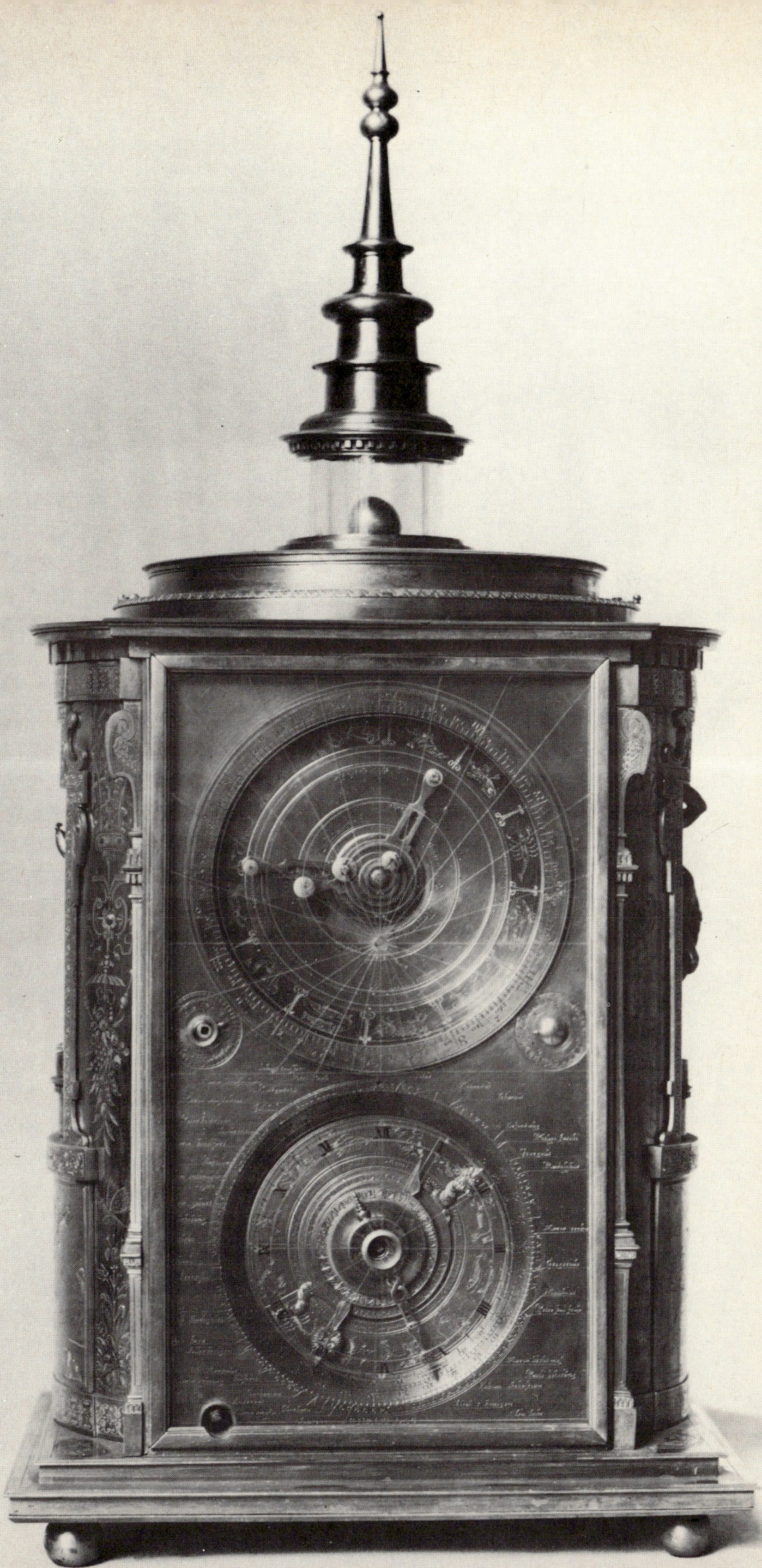

dem Sonnenzeiger braucht und Sonnen- und Mondfinsternis angibt.

Ganz anders ist das obere Zifferblatt angeordnet. Nun steht die Sonne im Mittelpunkt und drehen sich die Planeten um sie herum, sie werden jeweils durch eigene Zeiger auf ihrer Bahn geführt. Die Kreisbahnen sind wieder auf ein Jahr und seine Monate und Tage berechnet und sind am Rand des Zifferblattes eingetragen. Die Linien auf der Glasplatte gehen von einem Punkt aus, der sozusagen dem Beobachtungsstand auf der Erde entspricht und durch ein kleines Erdbildchen markiert war.

Blickt man von hier aus auf das umlaufende Gradnetz und folgt man gleichzeitig den Angaben der Planetenzeiger, können Sternbeobachtungen überprüft, vorausberechnet, vor allem aber die Phasenwinkel der Planeten abgelesen werden. Die Gegenüberstellung beider Systeme anhand einer Uhr zeigt Wesentliches: Der Standort des geozentrischen Systems ist »natürlich«, er entspricht dem Anblick des gestirnten Himmels, wie wir ihn täglich erleben; er wird hier auf ein Zifferblatt mit konzentrischen Ringen übertragen.

Unser Standort im Rahmen des heliozentrischen Systems ist dagegen gleichsam »abstrakt«, er ist nur mit Hilfe von Berechnungen und gezielten Beobachtungen zu erfassen. Die in das »leere« Zifferblatt eingetragenen Bahnen der Planeten differieren, sie folgen einer eigenen, errechneten Gesetzlichkeit.

Dennoch bleibt zwischen beiden Systemen ein verbindendes kosmisches Element: die durch Sonne, Mond und Sterne bestimmbare Zeit des Tages, des Monats, des Jahres. Sie gestattet die Darstellung beider Systeme auf einer Uhr.

Selbstverständlich stammt diese Uhr nicht mehr von einem Handwerker, einem Uhrmacher, sondern von dem genialen Erfinder Jost Bürgi, der seine Uhren bewußt als Präzisions- und Meßgeräte schuf und dabei von Copernicus und Kepler inspiriert wurde. Nur an einem Fürstenhof, wahrscheinlich am Hof Rudolfs II. in Prag, nicht in der zünftischen Enge einer Reichsstadt, konnte damals so ein »Wunderwerk« entstehen.

5. Automaten

Figurenuhr: Papagei

Die mechanische Energie des Geh- und Stundenschlagwerks wird hier zu Bewegungen des Papageis verwendet und verleiht ihm statt des Stundenschlags eine Stimme.

Das im Sockel befindliche Laufwerk treibt über eine durch den linken Fuß gehende Leitung einen Blasebalg. Die Stunden werden nicht mehr geschlagen, sondern gepfiffen; zugleich bewegt sich der Schnabel, rollen die Augen, schlagen die Flügel. Aus einem Magazin am Schwanzende fallen Kugeln. Die Figur steckt also, wenn sie die Zeit ansagt, voll Humor. Sie erfüllt einen Traum, den schon Homer kannte und an dessen Verwirklichung bereits Dädalus arbeitete: Geschaffen ist die Kunstfigur, die sich bewegt und auf ihre Weise spricht, die in ihrer künstlerischen Erscheinungsform Leben nicht nur nachahmt, sondern es im Moment der Zeitansage auch besitzt. Das Kunsthandwerk führt zur Verzauberung, die Kultivierung der Zeitansage wird Spiel. Der oft nur geschwätzige Papagei wird klug.

Tischfahrzeug mit Minerva

Minerva, die Göttin der Weisheit und des Krieges, sitzt in voller Rüstung, mit einer sprechenden Handbewegung auf ihrem Thron; an dessen Seiten befinden sich die Zifferblätter einer Kleinen Uhr; vor ihr zwei flötenblasende Satyrn. Der Thron wird von der Rücklehne des Triumphwagens umfaßt, diesen selbst ziehen springende Pferde.
Unter dem Thron sind Geh- und Stundenschlagwerk eingebaut, in dem Ebenholzkasten stecken zwei Triebwerke, eines zur Fortbewegung des Wagens und eines zur Bedienung der

in der Rücklehne verborgenen Orgel. Wird das Werk in Gang gesetzt, bewegen sich die Augen der Minerva, drehen sich die Satyrn, springen die Pferde, rollt das Fahrzeug und ertönt die von einem Blasebalg angetriebene Orgel. Zwei Melodien können abgespielt werden.

An festlicher Tafel wird besonders jener fürstliche Herr geehrt, auf den sich der Wagen klingend und spielend zubewegt. Dieser Wagen verwirklicht ja den zeittypischen Gedanken des Triumphzuges, die »repraesentatio maiestatis«, hier in Form eines kleinen technischen Wunderwerks.

Auf mechanischem Wege ist eine Art Gesamtkunstwerk entstanden, eine tragende Idee des Zeitalters aufgegriffen. Spielerisch setzt es die Minerva in ihre alten Götterwürden ein und bezaubert die Teilnehmer an der Festtafel.

6. Himmelsmodell

Uhrwerksangetriebene Armillarsphäre (um 1600)

Uhrwerke wurden auch in der Astronomie verwendet. Die Gestirnbeobachtung wurde dadurch zeitlich bestimmbar und kontrollierbar, so daß durch die Mechanik der Uhren auch die Mechanik der Gestirns- und Weltbewegung einsichtig und etwa der Satz des Aufklärers Christian Wolff anschaulich wurde, daß sich »die Welt nicht anders als wie ein Uhrwerk« verhalte. Dem dienten Arbeits- und Beobachtungsgeräte, die schon seit der Antike benützt worden waren. Direkt auf dem Sockel mit dem Uhrwerk befand sich das Astrolab, eigentlich eine kreisförmige Sternkarte, in die die verschiedenen Gestirnbahnen mit Hilfe verschiedener Kreislinien eingeschrieben waren. Die Zeiger der Uhr: Minuten-, Stunden-, Monats- und damit Jahreszeiger, wiesen nicht nur auf die ihnen zugehörigen Ziffern am Rand, sondern zugleich auf die den Kreisen eingeschriebenen Gestirnbahnen und machten diese damit zeitlich bestimmbar. Man konnte also die Stellung eines Gestirns zu einer bestimmten Zeit ablesen. Das ließ sich nicht nur astronomisch, sondern auch astrologisch, also zur Sterndeutung, gut gebrauchen.

Durch eine heute nicht mehr vorhandene Welle wurde aber auch die über der Sternkarte aufgebaute kugelförmige Armillarsphäre angetrieben. Was sich auf der Karte auf eine Fläche projizierte, wurde hier durch eine Ringkugel dreidimensional ausgedrückt, so etwa die scheinbare Sonnenlaufbahn im Lauf eines Jahres am Himmelsgewölbe, die Ekliptik nebst den 12 Tierkreiszeichen, auf der die Bewegung der Planeten dargestellt wird. Und natürlich war auch die Stelle markiert, in der die Erde in diesem System ihren Platz fand und sich mitbewegte.

So sah sich der Mensch eingefügt in ein Universum, das anschaubar, berechenbar geworden war und das ablief wie eine Maschine. — Wahrscheinlich stammt diese Planetenuhr von Jost Bürgi; sie stand in der Kunstkammer Kaiser Rudolfs II. in Prag.

7. Zeitmessung im bürgerlichen Leben und in der Mystik des Mittelalters

Der Rathausturm von Regensburg und seine Uhren

Rathaustürme waren einmal wichtige öffentliche Einrichtungen. Daher tragen sie das Stadtwappen, hier in der Reichsstadt auch das Wappen des Reichs, und daher befand sich hier neben dem Tor auch das Narrenhäuschen, in dem Schandstrafen abgebüßt wurden. Übeltäter wurden hier in ihrer Schande bloßgestellt und verspottet. Ganz oben blickte ein Türmer aus seiner Stube. Von der Dachbrüstung aus beobachtete er die Stadt, um sie vor Feuerbrünsten zu schützen. Kamen hohe Gäste, wurden sie von hier aus durch Trompeten begrüßt. Aber die Uhren und die Glocken sagten von hier aus auch die Stunde an. Gleich über dem Tor schwingt sich eine Inschrift, die zum Gebrauch der Uhren anleitete: »Aufgang, Tagläng, groß und klein Stund thut dieser Knopf Dir täglich kund«.
Gemeint war der Goldknopf des Schattenwerfers der Sonnenuhr. Mit seinen Zeitangaben konnte man die Angaben der Großen Uhr mit dem großen Zifferblatt und der Kleinen Uhr mit dem kleinen Zifferblatt, also kosmische und mechanische Zeit, vergleichen und kontrollieren. Die Große Uhr zeigte nach ihren Ziffern 16 Stunden an. Das entsprach den 16 lichten Stunden des längsten Tages im Jahr.
Wurde der Tag kürzer, wurden entsprechend weniger Stunden angesagt, am kürzesten Tag waren das nur noch 8 Stunden. Die Uhr mußte also immer wieder neu eingestellt werden. Den Auf- und Untergang der Sonne verkündete ein eigenes Geläut, der »Garaus«.
Die Kleine Uhr zählte von Mitternacht zu Mitternacht zweimal 12 Stunden. Hinzu kamen im Inneren der Zifferblätter noch ein Blatt zur Angabe der Viertelstunden und eine blaue Kugel zur Bezeichnung der Mondphasen.

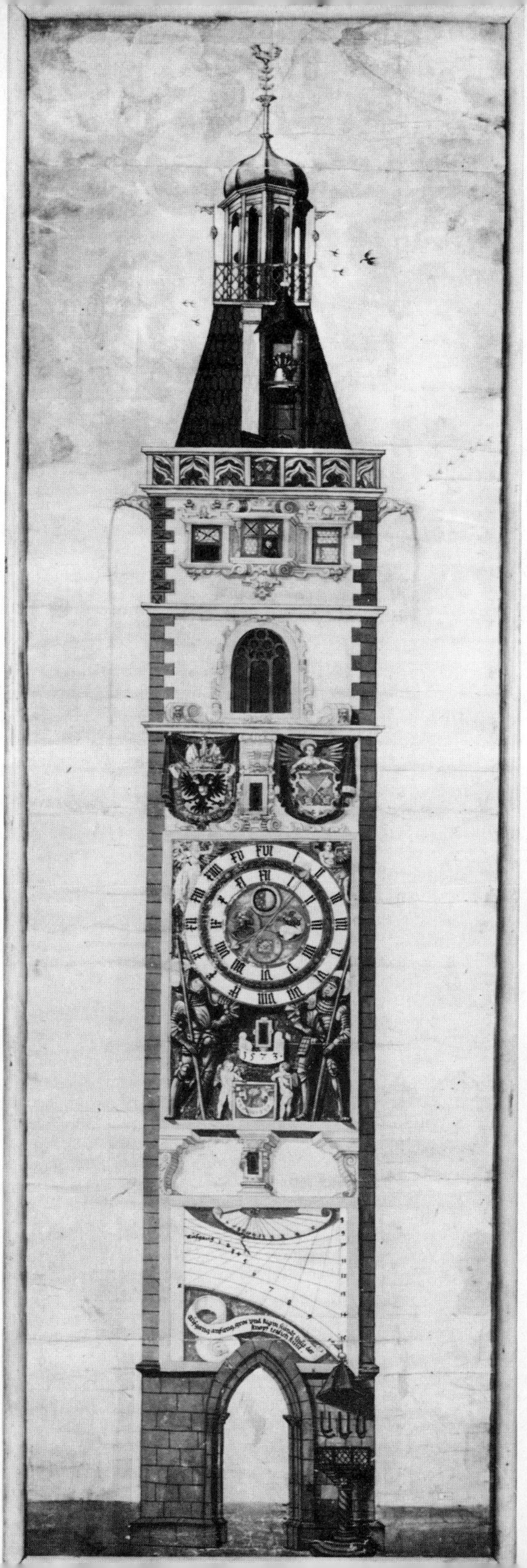

Die lauten Glockenschläge dieser Uhren waren verwirrend; ihre Zeitangaben finden sich nebeneinander in den Chroniken der Stadt und waren ein Ärgernis der Besucher des Regensburger Reichstages. Deshalb wurden die Uhren mehrfach umgestellt. Der Streit darüber war noch nicht geschlichtet, als der Turm 1706 infolge der Unachtsamkeit des Türmers niederbrannte. Weil die Große Uhr aus Nürnberg übernommen wurde, heißt sie auch Nürnberger Uhr. Ihre Tagelängen wurden zur Erleichterung des Gebrauchs auf einer Tabelle festgehalten:

 8 Stunden: 2. Dezember—25. Dezember
 9 Stunden: 25. Dezember—17. Januar
10 Stunden: 17. Januar—9. Februar
11 Stunden: 9. Februar—6. März
12 Stunden: 6. März—27. März
13 Stunden: 27. März—19. April
14 Stunden: 19. April—11. Mai
15 Stunden: 11. Mai—3. Juni
16 Stunden: 3. Juni—24. Juni
15 Stunden: 24. Juni—17. Juli
14 Stunden: 17. Juli—9. August
13 Stunden: 9. August—1. September
12 Stunden: 1. September—24. September
11 Stunden: 24. September—17. Oktober
10 Stunden: 17. Oktober—9. November
 9 Stunden: 9. November—2. Dezember

Glockenzeichen einer mittelalterlichen Stadt

Gemeindeglocke: Sie rief zu Versammlungen in öffentlichen Angelegenheiten.
Ratsglocke: Sie holte die Ratsmitglieder ins Rathaus. Verspätetes Erscheinen wurde mit der Sanduhr gemessen und bestraft.
Werkglocke: Sie verkündete Beginn und Ende der Arbeitszeit.
Feuerglocke: Sie bestimmte den Zeitpunkt, bis zu dem Feuer und Licht in den Haushalten gelöscht sein mußten.
Wein- oder Bierglocke: Sobald sie ertönte, durfte kein Wein und kein Bier mehr ausgeschenkt werden.
Wachtglocke: Mit ihrem Läuten bezogen die Wachen ihre Posten.
Zinsglocke: Sie wurde wöchentlich zweimal geläutet und ermahnte säumige Steuerzahler.
Marktglocke: Mit ihr wurden Beginn und Ende des Marktes festgelegt.

Das Horologium Sapientiae von Seuse — eine Gleichnisuhr zwischen den Zeiten —

In einem kirchlichen Raum tritt Sapientia, die göttliche Weisheit, dem lauschend vor ihr sitzenden Mystiker Heinrich Seuse entgegen. Sie legt die Hand an eine Uhr, deren Zifferblatt 24 Stunden zeigt, noch ganz dem antiken Volltag entsprechend. Aber das volle Stundenmaß des Tages hat hier eine eminent christliche Bedeutung: So wie der Stundenlauf den Tag erfüllt, so soll das ganze Menschenleben von Gottes Liebe durchdrungen sein. Gottes Barmherzigkeit gleicht einem Uhrwerk,

dessen Räder so innig ineinandergreifen und dessen Glöckchen so lieblich klingen, daß die Herzen nach oben gezogen werden. Entsprechend den 24 Stunden des Tages ist daher die Schrift Seuses, sein Horologium Sapientiae, in 24 Kapitel göttlicher Weisheitslehre eingeteilt. Sie will so das ganze Leben erfüllen.
Ob die abgebildete Uhr einer wirklichen entspricht, ist unbekannt. Jedenfalls diente sie als Gleichnis.
Nur einzelne Teile, so das achteckige Uhrwerk auf dem Tisch, die bereitgestellten Beobachtungs- und Zeitmeßgeräte sind exakt wiedergegeben.
Auf dem Zifferblatt sind noch die 12 Stunden des Tages und die 12 Stunden der Nacht angegeben, die im Laufe eines Jahres ständig länger oder kürzer wurden.
Sofern ist diese Gleichnisuhr eine Uhr zwischen den Zeiten.

Zur Geschichte des Uhrmacherhandwerks in Augsburg

Lehrjungen begannen ihre dreijährige Lehrzeit mit 12 Jahren. Danach wurden sie »losgesprochen«, die meisten gingen auf Wanderschaft, Meistersöhne konnten jedoch in Augsburg bleiben. Die Gesellenzeit dauerte mindestens 7 Jahre, häufig 10 Jahre. Bei Fremden, die sich ansässig machen wollten, kamen noch 3 »Ersitzjahre« hinzu. Gesellen waren sehr gefragt. Das Meisterstück wurde durch Los bestimmt und mußte bei einem der 4 Geschaumeister in 6 Monaten angefertigt werden. Es führte aber nur dann zur Zulassung, wenn die Möglichkeit bestand, in einen bereits bestehenden Betrieb einzuheiraten. Jährlich wurde immer nur ein Geselle zur Meisterprüfung zugelassen. Im Falle der Verlobung mit einer Meistertochter oder Meisterwitwe wurden die Ersitzjahre erlassen.
Einheimische waren meist 28 Jahre, Ortsfremde über dreißig Jahre, wenn sie zur Prüfung zugelassen wurden. Eine Werkstatt bestand neben dem Meister oder Meistersohn aus zwei Gesellen und einem Lehrjungen. Zwischen 1500 und 1700 gab es 204 Uhrmachermeister in Augsburg. Die meisten hatten ihren Betrieb ererbt, wenige erheirateten ihn, nur ganz wenige konnten ihn erkaufen. Einhundertfünfzig Jahre lang blieb das Aufgabenprogramm der Meisterstücke unverändert. Es stand der modernen experimentellen naturwissenschaftlichen Entwicklung fremd gegenüber. Im Gegensatz zum modernen Wirtschaftsdenken wurde die Produktion nicht vermehrt, sondern zum Vorteil der alteingesessenen Familien bewußt gedrosselt. So erschöpfte sich das Uhrmacherhandwerk der Reichsstadt. Wissenschaftliche Anstöße, etwa durch Jost Bürgi, gingen von den Höfen, nicht von den Reichsstädten aus. Später kamen sie aus Frankreich und England.

III. Philosophischer Teil
Das Uhrengleichnis in der europäischen Philosophie der anbrechenden Neuzeit

Die Räderuhr und ihre Anwendung in Automaten und mechanischen Himmelsgloben besitzt zentrale Bedeutung für die entstehende moderne Technik und zumal auch für das entstehende philosophische wie politische Denken der Neuzeit. Wer also den Mechanismus der Räderuhr richtig versteht, sei es durch Betrachtung von Uhren oder noch besser durch selbständiges Basteln, wie es durch das einführende Beispiel angeregt wurde, der wird zugleich einen Einblick in fundamentale Erörterungen des neuzeitlichen Denkens gewinnen. Eine knappe Auswahl wesentlicher philosophischer Texte und ihre Kommentierung soll ihn nun dazu anleiten. Sie beschäftigen sich mit dem zentralen und weit verbreiteten Uhrengleichnis innerhalb der europäischen Philosophie.

1. René Descartes (1596-1650)

Er ist einer der Erzväter des modernen rationalistischen Denkens und der ihm zugehörenden Methoden. Er teilte die Welt in zwei Teile: in einen allein dem Menschen vorbehaltenen Teil des Bewußtseins oder der Seele (res cogitans) und in einen körperlichen, bewegten, ausgedehnten Teil (res extensa), der durch mechanische und mathematische Gesetze geregelt wird. Organismen reagieren wie Automaten. Bäume wachsen, ähnlich wie Uhren, die die Zeit angeben, und unser eigener Herzschlag, da wir Menschen ja auch an der Körperwelt Anteil haben, gleicht der tickenden Bewegung einer Uhr. So erhält bei Descartes das Uhrengleichnis etwa folgende Fassung: »Für eine Uhr, die aus diesen oder jenen Rädern zusammengesetzt ist, ist es nicht weniger natürlich, die Zeit anzugeben, als für einen aus diesem oder jenem Samen gewachsenen Baum, die entsprechenden Früchte hervorzubringen«. Und hinsichtlich unserer mechanischen Herztätigkeit heißt es: »Dies ... ergibt sich aus der bloßen Disposition der Organe des Herzens, die wir mit dem Auge sehen können, und aus der Wärme, die wir mit den Fingern fühlen, und aus der Natur des Blutes, die wir durch das Experiment verstehen können, so wie mit Notwendigkeit die Bewegung einer Uhr sich aus der Kraft, Lage und Gestalt ihrer Gewichte und Räder ergibt«.
»Ich weiß wohl, daß die Tiere viele Dinge besser machen als wir, aber das erstaunt mich nicht; denn dies beweist ja gerade, daß sie natürlich handeln, wie durch die Federkräfte einer Uhr, welche die Zeit viel besser angibt, als unser Urteil uns lehrt. Und ohne Zweifel handeln die Schwalben, wenn sie im Frühling kommen, in dieser Hinsicht wie Uhren«.

2. Gottfried Wilhelm Leibniz (1646-1716)

Er durchschaute die ganze Einseitigkeit dieser Auffassungen von Descartes und verlieh daher in seinem philosophischen Hauptwerk, der »Monadologie«, dem Uhrengleichnis einen neuen Sinn. Der Gegensatz zwischen Geist- und Körperwelt wurde aufgehoben durch den Begriff der Monaden, kleinster, beseelter geistiger Krafteinheiten, die in zunehmender Klarheit des Vorstellens die Welt durchdringen und nach dem Gesetz einer vorausbestimmten »prästabilierten Harmonie« agieren. Obwohl das körperliche und das seelische Geschehen in jeweils eigenen Reihen abläuft, folgt es doch der gleichen Gesetzmäßigkeit, auf die hin es durch den Schöpfer angelegt wurde. »Seele und Leib gleichen zwei Uhren, die so eingerichtet sind, daß ihr Gang für alle Zeiten ein übereinstimmender ist« (Eisler). Demzufolge schreibt Leibniz in Auseinandersetzung mit Descartes: »Diese Prinzipien haben mir ein Mittel in die Hand gegeben, durch welches man die Vereinigung oder vielmehr die Übereinstimmung der Seele mit dem organischen Leib auf natürliche Weise erklären kann. Die Seele folgt ihren eigenen Gesetzen und ebenso der Leib den seinigen; sie treffen zusammen kraft der Harmonie, welche unter allen Substanzen prästabiliert ist, da sie sämtliche Vorstellungen einer und derselben Welt sind«.

An anderer Stelle begründet Leibniz, aus welchen Gründen er zur Annahme seiner beseelten Monaden kam. Dabei setzt er sich wieder mit dem mechanischen Denken und dem zugehörigen Vorstellungsbild von Uhren, Maschinen oder Automaten auseinander: »Überdies muß man notwendig zugestehen, daß die Perzeption (= Vorstellung, bestehend aus Denken und Anschauen) und was von ihr abhängt, auf mechanische Weise, d. h. mit Hilfe von Figuren und Bewegungen, nicht erklärbar ist. Nehmen wir einmal an, es gäbe eine Maschine, die so eingerichtet wäre, daß sie Gedanken, Empfindungen und Perzeptionen hervorbrächte, so würde man sich dieselbe gewiß dermaßen proportional-vergrößert vorstellen können, daß man in sie hineinzutreten vermöchte, wie in eine Mühle. Dies vorausgesetzt, wird man bei ihrer inneren Besichtigung nichts weiter finden als einzelne Stücke, die einander stoßen — und niemals etwas, woraus eine Perzeption zu erklären wäre. Also muß man die Perzeption doch wohl in der einfachen Substanz suchen, und nicht in dem Zusammengesetzten oder in der Maschinerie«.

3. Christian Wolff und Johann Christoph Gottsched

In den Schriften beider Männer erlebte die Philosophie der Aufklärung ihren Höhepunkt in Deutschland. Sie verarbeiteten, trivialisierten die Philosophie von Leibniz.
Wolff schrieb: »Es verhält sich die Welt nicht anders als ein Uhrwerk«. Gottsched räumte zwar ein, daß die »Göttliche Allmacht« in das Weltsystem verändernd eingreifen könne, gab aber in seinen »Ersten Gründen der gesamten Weltweisheit« eine glänzende Darstellung des mechanistischen Weltbildes, das den uhrwerksangetriebenen Himmelsmodellen entsprach: »Weil die Welt eine Maschine ist, so hat sie insoweit mit einer Uhr eine Ähnlichkeit: Und wir können uns daher zur Erläuterung hier im kleinen dasjenige deutlicher vorstellen, was dort im großen stattfindet. Die Räder der Uhr stellen die Teile der Welt vor, die Bewegungen des Zeigers aber die Begebenheiten und Veränderungen in der Welt. Wie nun in der Uhr alle Stellungen der Räder und des Zeigers von der inneren Einrichtung, Figur, Größe und Zusammensetzung aller ihrer Teile nach den Regeln der Bewegung erfolgen: So tragen sich auch in der Welt alle Begebenheiten zu. Ebenso haben auch alle Begebenheiten in der Welt ihre bestimmte Wahrheit und Gewißheit, ehe sie noch geschehen, und derjenige, der ihren Bau vollkommen einsieht, kann aus ihrer vergangenen und ihrer gegenwärtigen Einrichtung alles künftige vorhersehen«.

4. Thomas Hobbes (1588-1679)

Er ist einer der großen aufklärerischen Philosophen und Staatstheoretiker. Seine Lehre vom Naturzustand der Menschen, der durch ihren Trieb zur Selbsterhaltung und durch ihre Machtgier (homo homini lupus) bestimmt wird, führte ihn weiter zur Lehre vom Staatsvertrag, durch den erst Friede und Recht unter den Menschen gesichert werden könne. Dabei blieb das Menschenbild, das er gewonnen hatte, von grundlegender Bedeutung. Auch es wird durch mathematische und mechanistische Vorstellungen bestimmt; er hatte ja in Paris Descartes persönlich kennengelernt. Demzufolge wendet er in seinem staatstheoretischen Hauptwerk, in seinem Leviathan, das Uhrengleichnis an. So wie ein Uhrmacher seine Uhr zerlegt, so wollte er das Verhalten der Tiere und der Menschen zerlegen und untersuchen: »Da Leben doch nichts anderes ist als eine Bewegung der Glieder, die sich innerlich auf irgendeinen vorzüglichen Teil im Körper gründet — warum sollte man nicht sagen können, daß alle Automaten oder Maschinen, welche wie z.B. die Uhren durch Federn oder durch ein im Innern angebrachtes Räderwerk in Bewegung gesetzt werden, gleichfalls ein künstliches Leben haben? Ist das Herz nicht als Springfeder anzusehen? Sind nicht die Nerven ein Netzwerk und der Gliederbau eine Menge von Rädern, die im Körper diejenigen Bewegungen hervorbringen, welche der Künstler beabsichtigte. Doch die Kunst schränkt sich nicht nur auf die Nachahmung der eigentlichen Tiere ein, auch das edelste darunter, den Menschen, bildet sie nach. Der große Leviathan (so nennen wir den Staat) ist ein Kunstwerk oder ein künstlicher Mensch - obgleich an Umfang und Kraft weit größer als der natürliche Mensch, welcher dadurch geschützt und glücklich gemacht werden soll«. Mit dem Namen Leviathan griff er auf das gleichnamige biblische Seeungeheuer zurück.

5. Herders Kritik der mechanistischen Welterklärung

Friedrich der Große wollte, daß sein Staat und seine Armee so geregelt und durchsichtig abliefen wie eine Uhr. Nicht nur in Preußen wurden die mechanistischen Vorstellungen politische Wirklichkeit. Als die Aufklärung zusammenbrach, setzte im letzten Drittel des 18. Jahrhunderts eine heftige Kritik ein. Einer der großen Wortführer war Johann Gottfried Herder (1744–1803). Er griff die Einwände von Leibniz wieder auf und begründete so das Weltbild der Deutschen Klassik. In seinem Aufsatz »Auch eine Philosophie der Geschichte zur Bildung der Menschheit« steht: »Eben daher muß folgen, daß ein großer Teil dieser sogenannten neuen Bildung selbst wirkliche Mechanik sei: näher untersucht — wird diese, wie sehr, neuerer Geist ! Gewisse Tugenden der Wissenschaft, des Krieges, des Bürgerlichen Lebens, der Schiffahrt, der Regierung — man brauchte sie nicht mehr: es ward Maschine, und die Maschine regiert nur Einer. Mit einem Gedanken, mit einem Winke ! — dafür schlafen auch wie viel Kräfte ! Geschütz erfunden, und damit welcher Nerv roher körperlicher Kriegsstärke, und Seelenkriegsstärke, Tapferkeit, Treue, Gegenwart in einzelnen Fällen, Ehrgefühl der alten Welt ermattet ! Das Heer ist eine gedingte, Gedanken — Kraft - Willenlose Maschine geworden, die ein Mann in seinem Haupte lenkt, und die er nur als eine lebendige Mauer bezahlt, Kugeln zu werfen und Kugeln aufzufangen ... Heißt Landeshoheit verfeinte Staatskunst ! neue philosophische Regierungsart ! - ist auch wirklich Fürstenhut und Krone der neuern Jahrhunderte ! Worauf sie aber nur ruhen ! — wie's der berühmteste Sonnenadler auf allen Münzen zeigt — auf Trommeln, Fahnen, Kugeln und immerfertigen Soldatenmützen ...
Der wievieltste Teil von euch betrachtet Logik, Metaphysik, Moral, Physik als was sie sind — Organe der menschlichen

Seele, Werkzeuge mit denen man wirken soll ! Vorbilder und Gedankenformen, die nur unserer Seele eine ihr eigene schönere Gedankenform geben sollen — dafür schlägt man mechanisch seine Gedanken dahin ein, spielt und gaukelt — der abenteuerlichste Bursche von Klopffechter ! Er tanzt mit dem Degen auf dem Akademischen Seile zur Bewunderung und Freude aller, die ringsum sitzen, und dem großen Künstler jauchzen, daß er nicht Hals und Bein breche — das ist seine Kunst.
Ein Geschäft auf der Welt, wollt ihrs übel besorgt haben, so gebts dem Philosophen ! Auf dem Papier wie rein ! wie sanft ! wie schön und groß : heillos im Ausführen ! bei jedem Schritt staunend und starrend vor ungesehenen Hindernissen und Folgen«.
(Stark gekürzt und an einigen Stellen dem modernen Wortgebrauch angepaßt!)

IV. Physikalischer Teil
1. Gedanken zum Zeitbegriff

a) Der philosophische und der physikalische Zeitbegriff

Der heilige Augustinus fragt in seinen Bekenntnissen: »Was ist die Zeit?« Und er antwortet: »Wenn mich niemand danach fragt, weiß ich es; will ich es einem Fragenden erklären, weiß ich es nicht mehr«.
Aus dieser Verlegenheit hat sich die Philosophie auch heute noch nicht ganz gelöst. Isaac Newton, der große englische Physiker, stellte dem philosophischen Begriff der Zeit einen physikalischen Begriff gegenüber: »Die absolute, wahre und mathematische Zeit verfließt an sich und vermöge ihrer Natur gleichförmig und ohne Beziehung auf irgendeinen äußeren Gegenstand.« Er vertrat damit die Ansicht einer idealen Existenz der Zeit. Der Philosoph Immanuel Kant dachte etwa so: Die Wahrnehmung der Zeit an sich ist niemals möglich, wahrgenommen werden nur Vorgänge in ihr. Ohne Geschehen gibt es keine Zeit.

b) Die Nicht-Umkehrbarkeit der Zeit und die Entropie

Während im Raum kein Punkt prinzipiell ausgezeichnet ist und man in jeder Richtung sowohl »vorwärts« als »rückwärts« gehen kann, ist dies bei der Zeit unmöglich. Wenn A als Ursache von B gilt, so kann der Zeitpunkt t_A nicht später liegen als der Zeitpunkt t_B. In der Physik sagt man: Die Richtung der Zeit ist die Richtung der Entropiezunahme. Man meint damit, daß alle natürlichen Vorgänge und damit alle Energieumformungen immer nur so ablaufen können, daß dabei ein Zustand größerer Unordnung entsteht. Ein Maß für diese Nicht-Umkehrbarkeit (Irreversibilität) ist eben die sog. Entropie.
Folgende Beispiele mögen das verdeutlichen:
Zwei Gasmengen verschiedener Temperatur werden gemischt

und nach einiger Zeit stellt sich überall die gleiche Mischtemperatur ein. Aber niemals würden sich aus einem Gas von gleichmäßiger Temperatur von selbst zwei getrennte Anteile verschiedener Temperatur herausbilden. Ebensowenig kann sich eine in der Luft verteilte Reibungswärme auf das Lager eines ruhenden Pendels konzentrieren und dieses in Schwingung versetzen.
Nun steht aber die Existenz des Lebens scheinbar im Widerspruch zur Entropiezunahme, denn hier zeigt sich kein Zustand größerer Unordnung, sondern ganz offensichtlich eine Herausbildung höherer, komplizierterer Ordnungsstrukturen. Dennoch ist der Lebensprozeß aber nur möglich, weil untrennbar mit ihm, im Verlauf der Nahrungsverwertung (Stoffwechsel), in entsprechender Weise chemisch hochkomplizierte Strukturen in viel einfachere umgewandelt werden. So wird auch hier insgesamt die Entropiezunahme nach außen gewährleistet. Ist dies nicht mehr möglich, tritt der Tod ein und mit ihm für das individuelle Leben das Ende seiner Zeit. In vielen Bildern tritt der Tod als Zeitbegrenzer mit einem Uhrglas auf.
Der physikalische Zeitbegriff ist also wie der philosophische nur schwer zu verstehen. »Verstehen« heißt dabei die Betrachtung stets auf etwas noch Grundlegenderes zurückzuführen. Offenbar stoßen wir dabei an eine Grenze. Denn die Zeit selbst ist etwas Grundlegendes.
Aufgabe der Physik kann es daher zunächst nicht sein, das »Wesen« der Zeit zu erforschen, sondern die Zeit meßbar zu machen. Zeitmessungen zählen zu den ältesten von den Menschen ausgeführten Messungen. Zu ihnen braucht man Uhren, und damit man mit ihnen einheitlich messen kann, muß eine Zeiteinheit definiert werden.

2. Definition der Zeiteinheit

a) Die Sekunde

Jeder periodisch ablaufende Vorgang kann grundsätzlich zur Festlegung einer Zeiteinheit dienen. Er ist um so besser für Messungen geeignet, je einfacher, einsichtiger, je präziser er vor sich geht.
Die Zeitmaße Tag und Jahr sind kosmisch, sozusagen »von oben« reguliert. Eine Schwierigkeit für deren Messung besteht darin, daß die astronomisch bedingten Maße der irdischen Zeit inkommensurabel sind: Sonnenjahr, Mondmonat und Sonnentag haben kein gemeinsames Maß. Hieraus ergeben sich zwangsläufig die Kalenderprobleme aller Kulturen.
Zunächst wurde zur Messung die durch die Achsendrehung der Erde vorgegebene Periode eines Tages verwendet und diese dann weiter unterteilt.

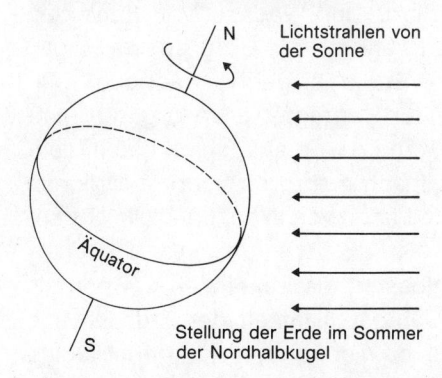

Stellung der Erde im Sommer der Nordhalbkugel

Bestimmt man am gleichen Ort die Zeitdauer zwischen zwei aufeinanderfolgenden Mittagsstellungen (»Meridiandurchgängen«) der Sonne, z.B. mit Hilfe präziser Räderuhren, so erhält man nach einigen Ausgleichsüberlegungen den sogenannten

»mittleren Sonnentag« als Grundlage der bürgerlichen Zeitrechnung (Mittelung ist u.a. deshalb notwendig, weil die Erde die Sonne ja nicht exakt gleichmäßig auf einer Kreisbahn umläuft, ihre Bahngeschwindigkeit nach dem 2. Keplerschen Gesetz also nicht genau konstant ist und deshalb die Tageslängen nach der Jahreszeit ein wenig schwanken). Mit den Bezeichnungen d für Tag, h für Stunde und s für Sekunde wird definiert:
1 d = 24 h = 24 · 60 · 60 s = 86 400 s.
So entstand ursprünglich die Sekunde als Zeiteinheit.

In jüngerer Zeit hat man entdeckt, daß sich die Erdrotation über lange Sicht verändert. Unregelmäßige Schwankungen infolge von Masseverlagerungen im Erdinnern, das Abschmelzen von Eismassen, große Luftströmungen und vor allem die ständige Gezeitenreibung durch den Wechsel von Ebbe und Flut beeinflussen die Eigendrehung der Erde so stark, daß sich diese verlangsamt. Der Effekt ist gering, dennoch summiert er sich: Pro Jahrhundert beträgt die Verzögerung immerhin schon ca. 9 s. Man kann davon ausgehen, daß in sehr ferner kosmischer Zukunft (nach mehreren hundert Millionen Jahren) ein irdischer Tag die Länge von Wochen, vielleicht sogar Monaten hat.
1956 wurde deshalb beschlossen, die Zeiteinheit 1 s neu als bestimmten Bruchteil der Jahresumlaufzeit der Erde um die Sonne zu definieren. Aber auch hier zeigten sich geringfügige Veränderungen, die bei einer so grundlegenden Definition als zu ungenau erschienen: in 1000 Jahren immerhin Abweichungen um ca. 5 s.

b) Eigenschwingungszeiten von Atomen: Neue Bestimmung der Sekunde

Wegen der oben genannten Gründe wurde periodischen Vorgängen von höchster Präzision nachgeforscht, die unabhängig von der Bewegung der Himmelskörper sind. Man fand sie in den Eigenschwingungszeiten ungestört strahlender Atome.

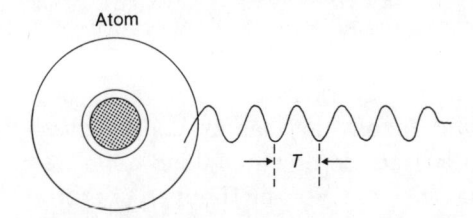

1967 wurde festgelegt:
1 s ist das 9 192 631 770fache der Periodendauer T einer genau bestimmbaren Strahlung von Caesium-Atomen. Diese Strahlung der Frequenz 9,2 GHz (Gigahertz) ist in den sog. Atomuhren jederzeit verfügbar und reproduzierbar. Demzufolge können die geringen zeitlichen Abweichungen in der Erdrotation genau kontrolliert und am Ende eines Jahres durch verordnetes Einschieben sog. Schaltsekunden ausgeglichen werden.

3. Die Entwicklung der Uhren

a) Die herkömmlichen Uhren und ihre Problematik

Vor ungefähr 6000 Jahren war bereits die Sonnenuhr als einfaches Meßgerät bekannt. Man steckte einen Stab in den Boden und las die Zeit aus der Lage des wandernden Schattens annähernd ab. Das hört sich zunächst einfach an, ist es aber nicht, denn es müssen ja umfassende und genaue Kenntnisse über den täglichen und jährlichen Sonnenlauf vorhanden sein, damit brauchbare Ergebnisse erzielt werden können. Es sind hier nämlich viele Effekte zu berücksichtigen. Um so großartiger und faszinierender erscheinen uns heute jene alten und ältesten Baudenkmäler von Tages- und Jahres-Sonnenuhren aus verschiedenen Kulturkreisen, deren verblüffend hohe Genauigkeit wir anhand neuer mathematischer Theorien überprüfen können. Beispiele sind Stonehenge in England, Observatorien in Indien, Bauten der Inkas in Mittel- und Südamerika. Auch heute noch sieht man an Hauswänden gelegentlich schön ornamentierte Sonnenuhren. Der Hof des Deutschen Patentamts in München ist als große Sonnenuhr ausgelegt.
Eine andere Uhrenart von langer Tradition bilden die Wasseruhren. Ein feiner Wasserstrahl, der ein größeres wassergefülltes Gefäß in bestimmter Form langsam und gleichmäßig entleert, erlaubt längere Zeitspannen mit einiger Genauigkeit zu bestimmen. Solche Wasseruhren gab es vor allem im alten Ägypten und im römischen Imperium (Sanduhren sind im Prinzip den Wasseruhren verwandt).
Galilei benutzte 1620 bei seinen berühmten Fallversuchen Wasseruhren zur Zeitmessung. Er war es auch, der als erster erkannte, daß Pendel für Uhren sehr geeignete Instrumente sind, weil ihre Schwingungsdauer im wesentlichen von der Auslenkung (Amplitude) unabhängig ist. Huygens entwickelte

1656 eine Uhr, bei der ein allmählich nach unten absinkendes Gewicht die mechanischen Energieverluste, die durch Reibung bei einer Pendeluhr entstehen, ausgleichen konnte. Außerdem nutzte er die Kraft, die durch Entspannung einer aufgezogenen Spiralfeder entsteht, für einen kontrollierten Uhrengang aus. In der Folge wurden die Pendeluhren und Federuhren stark verbessert, da ja auch die Navigation in der Seefahrt genau gehende Uhren erforderte. 1761 baute Harrison in England ein Schiffschronometer, das in $T = 161$ Tagen nur einen Fehler von $\Delta T = 5$ s aufwies; das bedeutet eine relative Ungenauigkeit von

$$\frac{\Delta T}{T} \approx 3{,}6 \cdot 10^{-7}.$$

Auf Längenmessung übertragen müßte man, um dieselbe Genauigkeitsrelation zu erhalten, eine Strecke von 1 km Länge auf 0,4 mm genau ausmessen.
Im Zeitalter des Barock wurden die Uhrwerke weiter verbessert. Man wollte astronomische Ereignisse möglichst genau vorhersagen können. Kein Wunder, daß allmählich die ganze Welt als riesiges Uhrwerk aufgefaßt wurde, das vor urdenklicher Zeit durch den Schöpfer in Gang gesetzt worden war. Im 19. Jahrhundert gelang es, die Reibung weiter zu vermindern und den störenden Einfluß der Wärmeausdehnung durch Verwendung geeigneter Materialien für Pendel und Federn (Unruhe-Uhr) weiter zu unterbinden.
Die präzisesten pendelgetriebenen mechanischen Räderuhren werden in Observatorien verwendet. Ihre Gangschwankungen betragen nur etwa 2 Sekunden während einer Dauer von 1000 Tagen. Bei guten Unruhe-Uhren sind es ca. 4 Sekunden pro Tag (heutige mechanische Armbanduhren).
Zur weiteren Erhöhung der Ganggenauigkeit sind unbedingt

höhere Frequenzen des eigentlichen Zeitgebers erforderlich. Als Zwischenentwicklung seien die elektrisch betriebenen Taschenuhren mit sog. »Stimmgabelschwingern« genannt (Frequenz 360 Hz.); sie gehen auf ca. 1 Sekunde pro Tag genau.

b) Quarzuhren

Der große Durchbruch zu wesentlich höherer Präzision gelang 1930 mit der Erfindung der Quarzuhr. Hier wird mit dem pie-

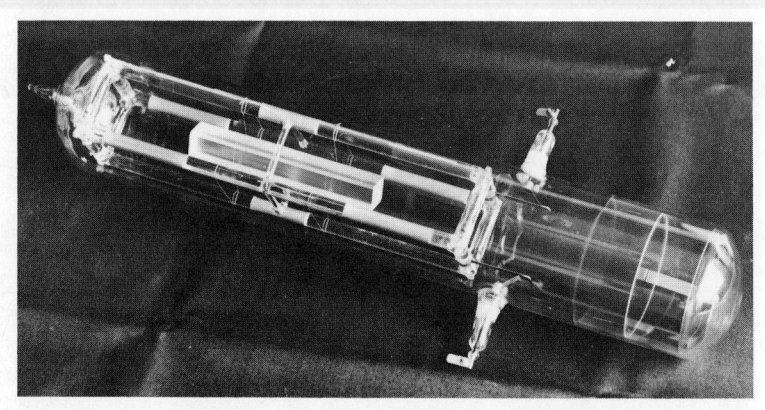

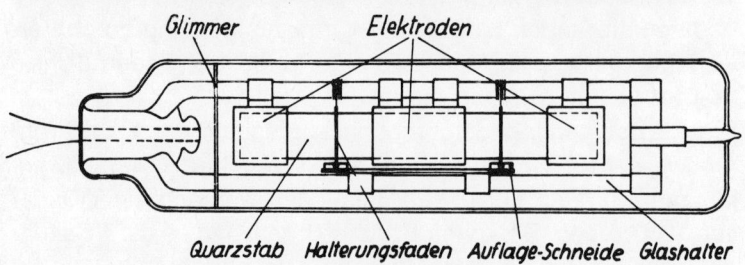

Steuerquarz

zoelektrischen Effekt durch Ansteuerung mit einem schwachen Wechselstromfeld ein Quarzkristall zu extrem exakten Biegeschwingungen veranlaßt. Die Zeitanzeige kann dann über einen Wandler durch ein mechanisches Zeigersystem erfolgen oder sie geschieht, wie in neuester Zeit, über die vom Taschenrechner her bekannte LCD-Anzeige mit wechselnden Ziffern in digitaler Form. Die Schwingfrequenzen des Quarzes betragen je nach der Quarzbedingung zwischen 10 kHz und 10 MHz. Sehr gute Quarzuhren gehen genauer als die Erde: Die Gangschwankung beträgt weniger als 1/1000 Sekunde pro Tag. Weil aber die Quarze Alterserscheinungen zeigen, müssen Präzisions-Quarznormaluhren von Zeit zu Zeit durch Vergleich mit sog. Atomuhren nachgestellt werden.

c) Atomuhren

Bei den präzisesten Atomuhren, den sog. »Primären Normalen«, gibt es nur noch Abweichungen von etwa 10^{-9} Sekunden pro Tag; dies bedeutet einen Gangunterschied von nur 1 Sekunde in ca. 2 Millionen Jahren!

Die relative Ungenauigkeit beträgt $\frac{\Delta T}{T} \approx 10^{-14}$, wieder auf Längenmessung übertragen heißt das: Messung einer Strecke von 10^8 km (ungefähr Abstand Erde — Sonne) auf 1 mm genau!

Eine Atomuhr kann ihre Senderfrequenz nach dem Prinzip der Resonanzabsorption mit rückgekoppelter Korrektur selbst nachstellen, wie in der Figur beschrieben ist.

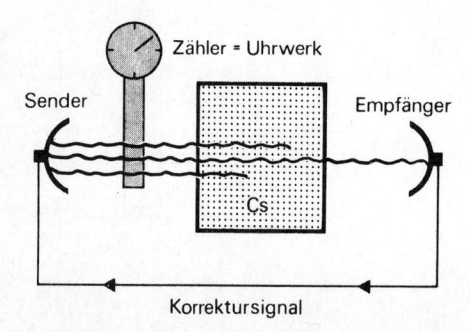

Das Herz jeder Atomuhr ist ein Behälter mit Caesiumgas, auf den ein Radiosender gerichtet ist. Ist die Senderfrequenz korrekt eingestellt, so wird die Radiowelle vom Caesiumgas absorbiert. Weicht der Sender von der vorgesehenen Frequenz dagegen ab, so durchdringt die Welle das Gas und trifft beim Empfänger ein. Daraufhin erfolgt automatisch eine Korrektur der Senderfrequenz.

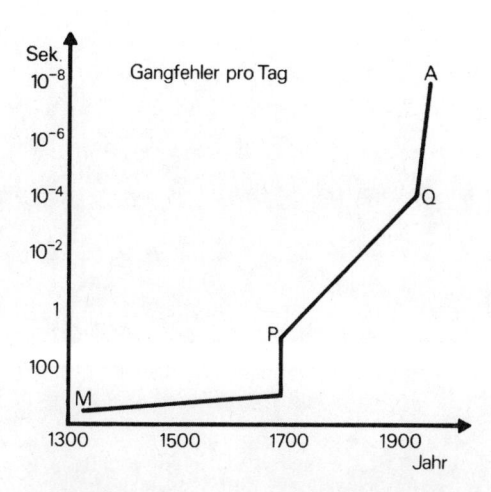

Die Entwicklung der Uhrengenauigkeit. Seit der Konstruktion der ersten mechanischen Uhren im 14. Jahrhundert (M) wurde der Uhrgang durch die Erfindung der Pendelsteuerung (P), der Quarzuhr (Q, 1928) und der Atomuhr (A, 1949) auf die heutige Genauigkeit von 10^{-9} s/Tag gebracht.

Die wesentlichen Vorzüge der Atomuhren für Präzisionszeitmessungen beruhen nicht nur auf den extrem genau definierten Schwingungsfrequenzen von Atomen, sondern auch darauf, daß Atome nicht altern und alle Atome des verwendeten reinen Gases untereinander gleich sind. Ein notwendiges Abgleichen wie bei den Quarzuhren kann also entfallen. Bei sehr gut ausgerüsteten Schiffen z.B. werden Atomuhren für die Navigation verwendet. Mit ihnen ist durch Laufzeitmessungen von Funksignalen eine Ortsbestimmung auf den Weltmeeren mit einer Unsicherheit von nur ca. 100 m (also im Bereich der Schiffsgröße selbst) möglich geworden.

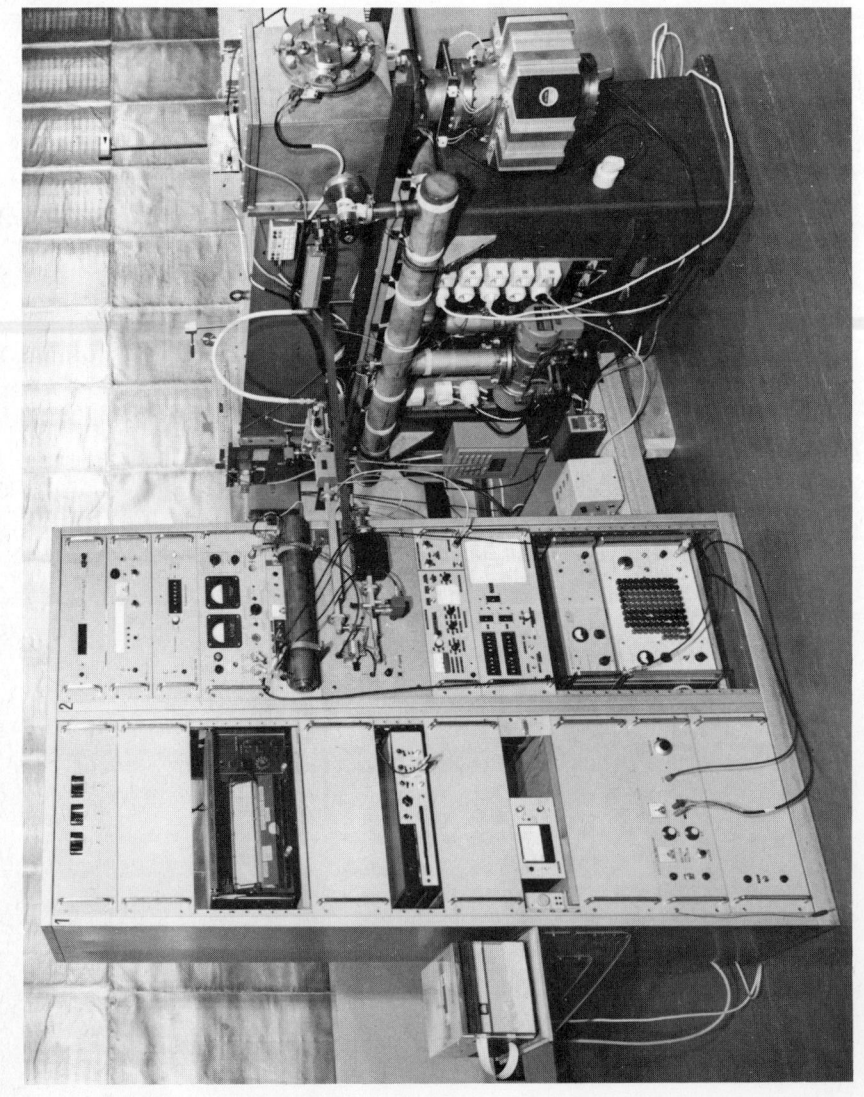

Caesium-Atomuhr mit elektronischer Meßeinrichtung

4. Einsteins Relativitätstheorie und die Zeitmessung

Neuerdings wurde auch mit Hilfe der Atomuhren experimentell Einsteins Prinzip von der Konstanz der Lichtgeschwindigkeit (d.h. der Unveränderlichkeit der Lichtgeschwindigkeit bei jeder noch so beliebigen gleichförmigen relativen Bewegung der Lichtquelle) bestätigt. Dennoch wirft gerade Einsteins Relativitätstheorie neue Fragen für die Zeitmessung auf. Natürlich können hier ohne Herleitung nur einige wichtige Tatsachen mitgeteilt werden:

a) Spezielle Relativitätstheorie

Die Spezielle Relativitätstheorie besagt, daß es keine »absolute Zeit« geben kann. Der Ablauf der Zeit, also die Geschwindigkeit von Uhren, hängt vom relativen Bewegungszustand des Systems ab, in dem die Zeit gemessen wird. Die sog. »Zeitdilatation« (1938 erstmals experimentell bestätigt) besagt im Prinzip:

Alle bewegten Uhren gehen langsamer!

Hierbei kann jedes gleichförmig bewegte System, in dem keine beschleunigenden Kräfte auftreten, als Ruhesystem benutzt werden, demgegenüber ein anderes ebensolches als bewegt gilt (Alle sog. »Inertialsysteme« sind gleichberechtigt). Der Betrag, um den die bewegten Uhren gegenüber den ruhenden langsamer laufen, hängt von der Relativgeschwindigkeit beider Systeme ab. Je größer diese ist (sie kann die Lichtgeschwindigkeit jedoch nicht überschreiten!), desto langsamer gehen die bewegten Uhren gegenüber den ruhenden. Dies gilt natürlich auch für biologische Uhren, also Lebewesen. Hieraus resultiert das sog. Zwillingsparadoxon: Wenn von zwei Zwillingsbrüdern einer eine jahrelange Raketenfahrt zu den Fixsternen unternimmt mit sehr hohem, der Lichtgeschwindigkeit nahekommenden Tempo, und wenn dabei der andere Bruder während dieser Zeit auf der Erde zurückbleibt, so vergeht für den Raumfahrer die Zeit bedeutend langsamer. Er wird nach seiner Rückkehr zur Erde den dort verbliebenen Bruder viel älter vorfinden.

b) Allgemeine Relativitätstheorie

Der Allgemeinen Relativitätstheorie ist der Satz zu entnehmen:

Alle Uhren gehen in der Nähe schwerer Massen langsamer!

Und zwar um so langsamer, je näher die Uhren an die (sehr) schweren Massenzentren herankommen. Dieser Sachverhalt wurde auf der Erde bereits bestätigt: Einmal mit Hilfe des sog. »Mößbauer-Effekts« an senkrecht nach oben laufenden Lichtwellen, deren Periode weiter oben größer war als in tieferen Höhen (zum Nachweis genügte beim Experiment in den USA (1960-1965) eine Höhendifferenz von nur 23 m). Der andere Nachweis gelang (1971) mit Atomuhren, die in einem Flugzeug bei einer Flughöhe von ca. 10 000 m die Erde umrundeten und dort nachgewiesenermaßen schneller gingen.
Die gravitativ bedingte relative Verlangsamung von Uhren beträgt auf der Erdoberfläche im Vergleich zu einem Punkt im ideal schwerefreien Raum $\frac{\Delta T}{T} \approx 10^{-9}$. Das ist natürlich sehr wenig. Aber es gibt im Weltall ungeheuer dicht gepackte Sterne, sog. »Neutronensterne«, deren Dichte ca. 10^{14} mal größer

als bei Wasser ist. Bei etwa 2 Sonnenmassen und mit einem Radius von nur einigen wenigen km gilt hier $\frac{\Delta T}{T} \approx 1$.

Bei noch dichter zusammengestürzten Sternen herrscht ein so starkes Schwerkraftfeld an der Oberfläche, daß keinerlei Strahlung mehr entweichen kann. Hier steht die Zeit im Innern sogar ganz still. Solche Objekte nennt man »Schwarze Löcher«.

Mit diesen für uns unglaublichen, aber dennoch wirklich existierenden Erscheinungen sei verdeutlicht, daß man die hier in Kapitel 2 gegebene Definition der Zeiteinheit nur für Atomuhren auf der Erdoberfläche in der bestehenden Form aufrecht erhalten kann.

Wie ist aber die Gleichzeitigkeit von zwei Ereignissen, die an getrennten Orten erfolgen, zu erkennen? Auch dies ist ein Problem der Speziellen Relativitätstheorie.

Klarheit hierüber muß herrschen, wenn man zwei an verschiedenen Orten aufgestellte Uhren synchronisieren muß. Im übrigen ist prinzipiell noch gar nicht sicher, ob die Synchronisation von Pendeluhren und Atomuhren auf Dauer möglich ist, denn die Wechselwirkungen, welche die Schwingungen erzeugen, sind bei beiden von ganz verschiedener Art und es ist durchaus denkbar, daß sich die Gravitation relativ zu den atomaren Wechselwirkungen ändert.

5. Kosmische Uhren

a) Die Erde

Über die kosmische Uhr Erde infolge ihrer Eigenrotation und ihres jährlichen Umlaufs um die Sonne wurde schon gesprochen. Hier muß noch erwähnt werden, daß die Achse der leicht abgeplatteten rotierenden Erde auf ihrer Umlaufebene (Ekliptik) schräg steht und daß sich die Erde deshalb physikalisch wie ein Kreisel verhält.
Dies hat zur Folge, daß die Richtung der Erdachse in dem langen Zeitraum von ca. 25 800 Jahren einen Kegelmantel um das Lot auf die Ekliptik durch den Erdmittelpunkt beschreibt (sog. »Präzession«). Nach fast 26 000 Jahren ist also der Polarstern wieder an der gleichen Stelle zu finden, die er heute einnimmt (wenn man seine geringe Eigenbewegung vernachlässigt). Im Jahr 14 000 steht der helle Stern Wega in der Nähe des Himmelspols. So stellt die sich periodisch wiederholende Präzessionsbewegung der Erdachse eine kosmische Uhr dar.
Noch längere Zeiträume werden durch die Bewegung der Sonne (und mit ihr unseres gesamten Planetensystems) um das Zentrum unserer Milchstraße erfaßt, welches sich im Abstand von etwa 30000 Lichtjahren in Richtung des Sternbildes Schütze befindet. Dabei bezeichnet ein Lichtjahr diejenige Entfernung, die das Licht bei einer Geschwindigkeit von 300 000 km/s in einem Jahr zurücklegt. Die Sonne umläuft dieses Zentrum mit einer Geschwindigkeit von ca. 250 km/s in einer kreisähnlichen Bahn und legt so mit etwa 250 Millionen Jahren die Periode dieser Uhr für einen vollen Umlauf fest (ein sog. »galaktisches Jahr«).

b) Neutronensterne: Pulsare

Viele von den im vorhergegangenen Abschnitt erwähnten Neutronensternen »ticken« als sehr gleichmäßig gehende kosmische Uhren am Himmel, indem sie in scharf definierten zeitlichen Abständen Radioimpulse in den Raum hinausschikken, die auf der Erde empfangen werden können. Man nennt diese Sterne daher auch Pulsare. Sie rotieren äußerst schnell um ihre Achse und senden dabei eine gebündelte Radiostrahlung aus, ähnlich dem sich drehenden Licht eines Leuchtturms. Der bekannteste Pulsar ist wohl der Zentralstern des »Crabnebels« im Sternbild Stier. Er pulst mit der Periode $T = 0{,}0331$ s. Man kann theoretisch nachweisen, daß die Strahlungsenergie des umgebenden Nebels im wesentlichen der Rotationsenergie des Zentralsterns langsam entzogen wird mit dem Ergebnis, daß seine Puls-Periode pro Jahr um $1{,}3 \cdot 10^{-5}$ s zunimmt.

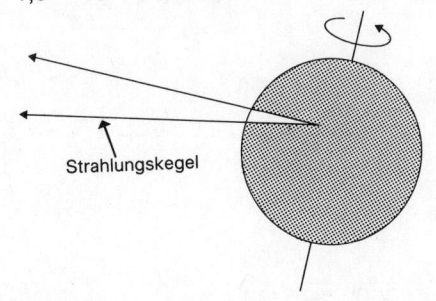

Strahlungskegel

Bei dieser Uhr kann die Zeit bis zur Entstehung des Pulsars zurückverfolgt werden. Dabei ergibt sich, daß der Crabpulsar mit seinem Nebel die Reste der 1054 von den Chinesen beobachteten Supernova (= explodierender Stern) bildet.

c) Galaxien

Blickt man mit großen Teleskopen weit hinaus in die Tiefen des Universums, so zeigt sich, daß es in Entfernungen von einigen Millionen bis zu 10 Milliarden Lichtjahren viele weitere milchstraßenähnliche Sternansammlungen gibt. Das sind die sog. Galaxien. Bei ihnen wurde mit Hilfe der Rotverschiebung in deren Spektrum ein hochinteressanter Zusammenhang gefunden zwischen ihrer Entfernung r und ihrer Geschwindigkeit v, mit der sie sich alle von uns wegbewegen. (Das ist die allgemeine Fluchtbewegung der Galaxien, welche die Expansion des Weltalls aufzeigt.) Aus anderen Überlegungen folgt, daß unsere eigene Galaxis deshalb trotzdem nicht der Mittelpunkt der Welt ist. Alle Galaxien bewegen sich um so schneller von uns fort, je weiter sie von uns entfernt sind. Es geschieht auf lineare Weise, wie folgende Figur beschreibt: $v \sim r$.

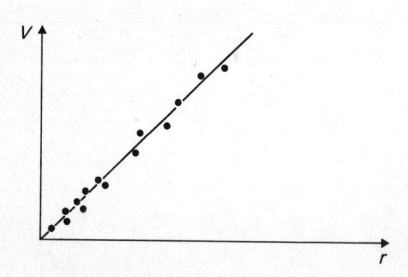

In der daraus folgenden Geradengleichung $v = H_0 \cdot r$ stellt H_0 die sog. Hubble-Konstante dar, so benannt nach ihrem Entdecker. Je weiter wir in den Raum hinausschauen, desto tiefer dringen wir natürlich wegen der endlichen Ausbreitungsgeschwindigkeit des Lichts in die Vergangenheit des Kosmos vor. Diese letzte weitestgreifende »Uhr« zeigt uns bei einer einfachen modellhaften Rückwärtsrechnung an, daß das ge-

samte sichtbare Universum früher einmal sehr dichtgedrängt zusammengeballt gewesen sein muß.
Eine grobe Abschätzung derjenigen Zeit, die seit Entstehung der Welt verflossen sein könnte, liefert die Größenordnung 10 bis 20 Milliarden Jahre.

$$\left(T_0 \approx \frac{1}{H_0}\right)$$

d) Der radioaktive Zerfall

Das über die Hubble-Konstante ermittelte Weltalter steht in erstaunlich guter Übereinstimmung mit Berechnungen ganz anderer Art, bei denen der radioaktive Zerfall von Uran mit der bekannten Halbwertszeit von 4,5 Milliarden Jahren als Uhr in einem kosmischen Zeitmaßstab untersucht wurde.
Halbwertszeit ist diejenige Zeit, in der die Hälfte aller vorhandenen Atome derselben Sorte zerfallen sind. So wurde das Alter der ältesten irdischen Gesteine auf etwa 3 Milliarden Jahre bestimmt. Für die Messung kürzer zurückliegender menschheitsgeschichtlicher Zeiten eignet sich z.B. das Kohlenstoffisotop C 14 mit einer Halbwertszeit von etwa 5700 Jahren besser.

6. Größenordnungen von Zeiten

Am Schluß der Betrachtungen über die Begriffe »Zeit« und »Uhr« soll eine Tabelle einen Überblick vermitteln, in welchen Zeitspannen sich das Geschehen dieser Welt, größenordnungsmäßig durch bekannte Beispiele dargestellt, abspielt.

Zeitintervall in Sekunden	Ereignis
10^{18}	Alter der Sonne und der Sterne
10^{17}	Alter des ältesten Gesteins; Zeit seit dem ersten Auftreten von Lebewesen auf dem Land
10^{16}	Umdrehungszeit der Sonne innerhalb der Milchstraße
10^{15}	Zeit seit Auftreten der Dinosaurier
10^{13}	Zeit seit Auftreten der ersten Menschen
10^{11}	Zeit seit Beginn des Ackerbaus; Zeit seit dem Auftreten erster Schriftzeichen; Zeit seit Christi Geburt
10^{9}	Lebensdauer eines Menschen
10^{8}	Zeit zwischen Geburt und Schulzeit
10^{7}	Umlaufzeit der Erde um die Sonne (Jahr)
10^{6}	Monat
10^{5}	Umdrehungszeit der Erde um ihre eigene Achse (Tag)
10^{3}	Laufzeit des Lichts von der Sonne zur Erde
10^{2}	Minute
$10^{0} = 1$	Zeit zwischen zwei Herzschlägen (Sekunde)
10^{-1}	Flugzeit einer Gewehrkugel über einen Fußballplatz
10^{-3}	Dauer eines Flügelschlags einer Biene

10^{-4}	Schwingungsdauer des höchsten hörbaren Tones
10^{-5}	Dauer der Explosion von Feuerwerk
10^{-6}	Laufzeit eines schnellen Geschosses, das an einem Druckbuchstaben vorbeifliegt
10^{-7}	Laufzeit des Elektronenstrahls in der Fernsehröhre
10^{-8}	Laufzeit des Lichts durch ein Zimmer
10^{-9}	Zeit, in der ein Atom Licht aussendet
10^{-11}	Laufzeit des Lichts durch eine Fensterscheibe
10^{-12}	Zeit, in der sich ein Luftmolekül einmal dreht
10^{-15}	Umlaufzeit eines Elektrons in einem Wasserstoffatom
10^{-20}	Umlaufzeit eines Elektrons auf der innersten Bahn in den schweren Atomen
10^{-23}	Laufzeit des Lichts über den Durchmesser eines Atomkerns

7. Die Welt als Uhr

Die Zeitspanne der Entwicklung des Universums von den Anfängen bis in die Gegenwart sei durch ein volles Jahr veranschaulicht. 1 Monat entspricht etwa 1 Milliarde Jahren. Dann beginnt also unsere »Weltuhr«
am 1. Januar um 0.00 Uhr.

— Während des ersten Tages ist im Gemisch von vorhandener Strahlung und Materie die Strahlung vorherrschend.
— Ende Januar beginnt sich die Materie zu Sternen und Galaxien zu verdichten.
— Mitte August entsteht unsere Sonne mit ihren Planeten (Dauer der Entstehung 1 Tag).
— Am 8. Oktober treten die ersten Lebensspuren in Algenform auf.
— Am 19. Dezember entwickeln sich Fische und Pflanzen.
— Am Abend des 25. Dezember treten die ersten Säugetiere auf.
— Am 30. Dezember falten sich die Alpen hoch.
— Am 31. Dezember ab 22.45 Uhr kann man von der frühen Existenz von Menschen ausgehen.
— 1 Stunde später: der Neandertaler (Viertel vor Zwölf!)
— 20 Sekunden vor Mitternacht beginnt die eigentliche menschliche Geschichte.
— In der letzten Zehntelsekunde des Jahres schickt sich der Zivilisationsmensch an, die gesamten Ölvorräte, welche die Erde in längeren Zeiträumen aufgespeichert hat, zu verpuffen!

V. Anhang
1. Hinweise zur Fertigung einfacher Uhrenmodelle und zugehörige mathematisch-physikalische Herleitungen

a) Zur Sonnenuhr

Die theoretischen Grundlagen zur Berechnung des Gangs einer Sonnenuhr sind aufgrund der vielen zu berücksichtigenden Effekte mathematisch ziemlich kompliziert. Eine detaillierte Darstellung findet man u.a. in dem Buch von H. Bürger: Theorie der Sonnenuhr, Verlag Giradet, Essen 1978.

Der Gang einer Sonnenuhr hängt im wesentlichen ab
— von der geographischen Breite φ des Beobachtungsortes (für München $\varphi \approx 48°$)
— von der festen Neigung ε der Erdachse gegenüber dem Lot auf die Erdumlaufbahnebene (Ekliptik, Winkel $\varepsilon \approx 23{,}5°$.
— von dem jahreszeitlich bedingten verschieden hohen Sonnenstand zur selben Stunde eines Tages: z.B. steht die Sonne in München am Mittag des 22. Juni 65,5° hoch über dem Horizont, während sie am 22. Dezember nur 18,5° erreicht. Zur Zeit des Frühlings- und Herbstanfangs (Tag- und Nachtgleiche) beträgt die Mittagshöhe jeweils $90° - \varphi \approx 42°$.

Zu den letztgenannten beiden Zeitpunkten steht die Sonne in einem Himmelskoordinatensystem genau am Himmelsäquator. Die Winkeldifferenz gegenüber dem Sommer- bzw. Winteranfang hat gerade die Größe $\varepsilon = 23{,}5°$ nach oben bzw. nach unten (siehe folgende Figur).
Den Winkelabstand vom Himmelsäquator bezeichnet man als Deklinationswinkel δ. Die Sonne durchläuft also während eines Jahres den Winkelbereich
$-23{,}5° \leq \delta \leq +23{,}5°$ auf der Ekliptik,
und das wirkt sich natürlich auf die Schattenlänge des Stabes einer Sonnenuhr aus.

Im übrigen spielt der ungleichmäßige jährliche Lauf der Erde um die Sonne noch eine Rolle, was man durch die sog. »Zeitgleichung« berücksichtigen kann. Die Erdbahn ist nämlich nicht exakt kreisförmig, sondern leicht elliptisch. Deshalb ist die Umlaufgeschwindigkeit nicht stets exakt gleich groß.

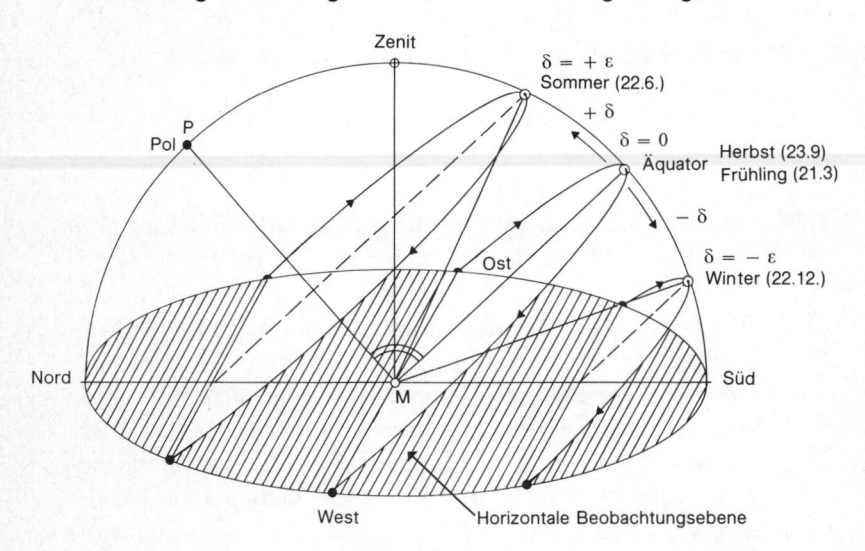

Die verschiedenen täglichen Sonnenbahnen zu bestimmten Jahreszeiten für einen Beobachter in München (M: Zentrum der gezeichneten Himmelskugel).

Die Sonne bewegt sich auf ihrer beobachtbaren Tagesbahn zwischen Auf- und Untergang jeweils kreisförmig um die Himmelsachse M–P.
Die übrigen Tagesbahnen zu anderen Jahreszeitpunkten liegen jeweils entsprechend zwischen den gezeichneten.

Es folgen zwei verschiedene Aufstellungsarten der Stäbe einer Sonnenuhr:

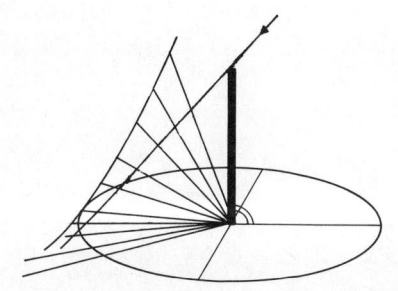

Stab steht senkrecht auf horizontaler Ebene

Zur achsenpolaren Sonnenuhr an der vertikalen Südwand: Die Tagesbahnen der Schattenspitze sind jeweils Stücke von Hyperbeln. Nur die Tagesbahn zu Frühlings- und Herbstanfang ist eine waagrechte Strecke.
Bei der täglichen Drehung beschreibt der Sonnenstrahl durch die Stabspitze jeweils einen Kegelmantel um den verlängert gedachten Stab als Kegelachse. Die ebene Südwand schneidet aus diesem Kegel nach den gegebenen Winkelbeziehungen jeweils eine Kegelschnittkurve als Tagesbahn dieser Sonnenuhr aus. Die Stabschattenstrecken gehen vom Stabanfangspunkt in der Wand bis zur zugehörigen Tageshyperbel. Über die Stunden des Tages ordnen sie sich strahlenförmig an (wie gezeichnet). Diese Strahlen kann man nun in einer ersten Näherung als Stundenlinien eichen und somit der Sonnenuhr eine Skala aufprägen.
Für eine feinere Unterteilung und eine größere Genauigkeit müßte man allerdings über ein ganzes Jahr hinweg sorgfältige Beobachtungen der Schattenlagen an möglichst vielen Tagen

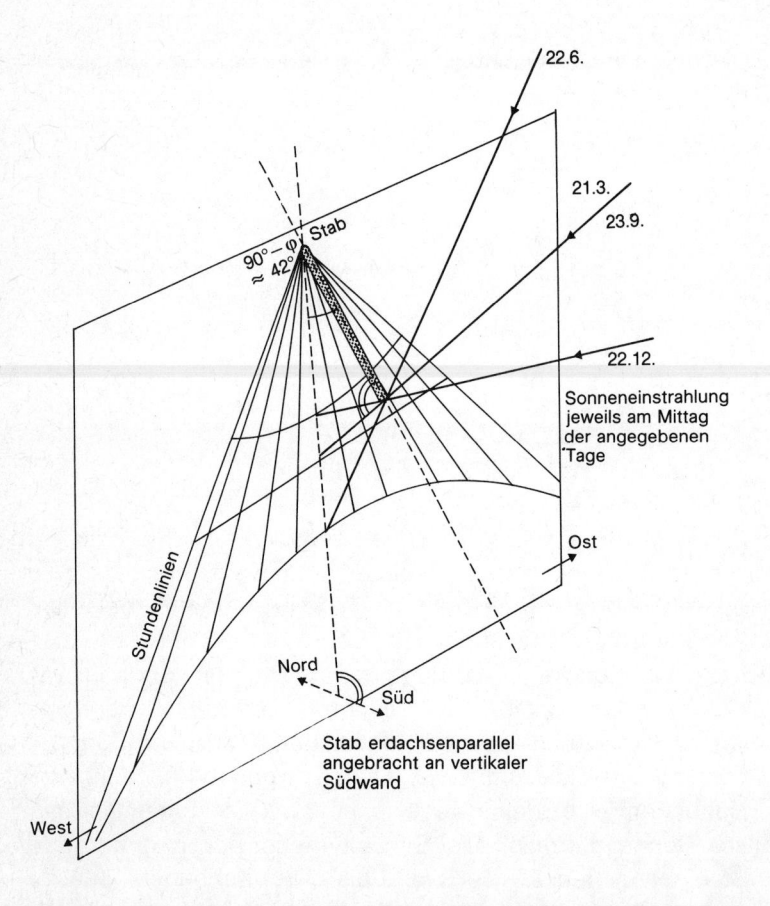

Sonneneinstrahlung
jeweils am Mittag
der angegebenen
Tage

Stab erdachsenparallel
angebracht an vertikaler
Südwand

machen und diese dann zur Verbesserung auswerten, wenn man die komplizierte theoretische Durchrechnung vermeiden will.

Zum Schluß sei gesagt, daß die Sonnenuhr natürlich immer die jeweilige wahre Sonnenzeit (»Ortszeit« des Beobachtungsortes) anzeigt. Sie differiert gegenüber der zur Verein-

heitlichung eingeführten »Mitteleuropäischen Zeit« (MEZ) je nach Längengrad des Beobachtungsortes.
Außerdem macht die Sonnenuhr die künstliche Umschaltung von Winterzeit auf Sommerzeit nicht mit.

b) Zur Wasseruhr

Wasseruhren wurden schon in der antiken Zeit benutzt und waren bis zur Erfindung der Pendeluhren, neben Sand- und Kerzenuhren die gebräuchlichsten Zeitmesser.
I)
Zum modellmäßigen Bau einer einfachen Wasseruhr braucht man ein zylindrisches (möglichst durchsichtiges) Gefäß mit einer unteren Bohrung, in die ein dünnes Auslaufröhrchen gesteckt wird (siehe folgende Figur).

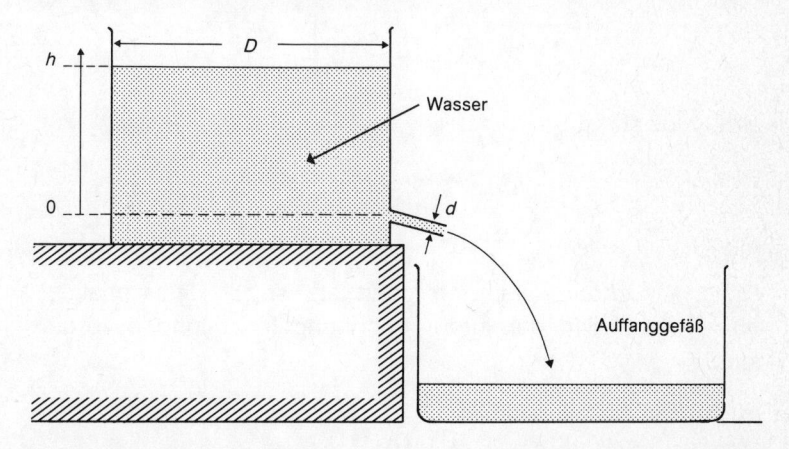

Damit man den fortlaufend sich erniedrigenden Wasserstand als Skala für eine Zeitmessung benutzen kann, stellt man folgende Überlegung an:

Der Innendurchmesser des Zylinders sei D, der des dünnen Auslaufröhrchens d.

Nach dem Energiesatz $mgh = \frac{m}{2}v^2$ berechnet man für die Auslaufgeschwindigkeit des Wassers aus dem Röhrchen:

$v = \sqrt{2gh}$ (g ist die Fallbeschleunigung: $g \approx 9{,}81\,\frac{m}{s^2}$)

Denn was oben durch Sinken des Wasserspiegels an Lageenergie verlorengeht, tritt als Bewegungsenergie des Wassers beim Ausfluß wieder auf (Reibung vernachlässigt).

Was oben an Wasservolumen (Querschnittsfläche des Zylinders mal Höhendifferenz) in der Zeitspanne Δt absinkt, das muß unten wieder ausfließen (Querschnittsfläche des Röhrchens mal Geschwindigkeit):

$$\pi \cdot \left(\frac{D}{2}\right)^2 \cdot \left(-\frac{\Delta h}{\Delta t}\right) = \pi \cdot \left(\frac{d}{2}\right)^2 \cdot \sqrt{2gh}$$

und gekürzt:

$$-D^2 \cdot \frac{\Delta h}{\Delta t} = d^2 \cdot \sqrt{2gh}$$

Diese Gleichung läßt sich dann als sog. »Differentialgleichung« mit Hilfe der Integralrechnung lösen und es ergibt sich:

$$h = \left[\sqrt{H} - \sqrt{\frac{g}{2}} \cdot \left(\frac{d}{D}\right)^2 \cdot t\right]^2$$

wobei H die gesamte Füllhöhe darstellt.

Die mit einer solchen Wasseruhr höchstens zu messende Gesamtauslaufzeit T beträgt $T = \left(\dfrac{D}{d}\right)^2 \cdot \sqrt{\dfrac{2}{g}} \sqrt{H}$
(T wird in Sekunden berechnet, wenn H in Metern eingesetzt wird)
Als Beispiel sei gewählt: $D = 0{,}10$ m
$H = 0{,}20$ m
$d = 0{,}002$ m
Dann ergibt sich nach Ausrechnen der jeweiligen Werte mit einem Taschenrechner folgende Tabelle:

t in Minuten	0,5	1	2	3	5	8
in Sekunden	10	30	60	120	180	300	480
h in cm	19,2	17,7	15,5	11,6	8,3	3,3	0,5

In der entsprechenden Höhe h über dem Ausflußröhrchen kann man also die zugehörigen Zeitmarken setzen.
Die ungleichmäßige Skala ergibt sich, weil das Wasser bei hohem Wasserstand schneller ausfließt als bei niedrigerem.
Da bei der oberen Rechnung die Reibung und strömungsbedingte Nebeneffekte nicht berücksichtigt wurden, wird man nach mehrmaligem experimentellen Vergleich die berechneten Markierungen nach den wirklichen Zeitmarken ausrichten müssen. Für andere Maße D, d und H macht man sich eine ähnliche Tabelle zur Eichung. Ganz wichtig ist dabei, daß man den Innendurchmesser des Ausflußröhrchens so genau wie möglich bestimmt.
II)
Ein gleichmäßiges »Austropfen« von Wasser erzielt man mit der sog. »Mariotteschen Flasche« (siehe folgende Figur).
Das Ende des offenen Glasrohrs wird dabei etwas oberhalb des Auslaufrohres stehen.

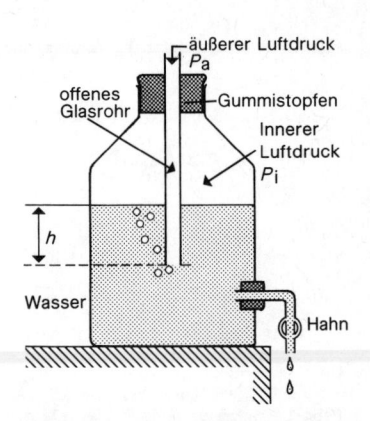

Man öffnet zunächst den Hahn so lange, bis die ersten Luftblasen aus dem Rohr nach oben steigen. Von diesem Moment an kann die Flasche als gleichmäßige Uhr benutzt werden, weil am unteren Ende des Glasrohres jetzt während des Austropfens stets der gleiche Druck herrscht, nämlich der äußere Luftdruck p_a.
(So lange, bis der sinkende Wasserspiegel das untere Ende des Glasrohrs erreicht hat.)

Da sich der Wasserdruck einer Wassersäule der Länge h nach der Formel $\varrho \cdot g \cdot h$ berechnet (ϱ ist die Dichte des Wassers: $1\frac{g}{cm^3}$) ergibt das Druckgleichgewicht die Formel:

$$p_a = P_i + \varrho g h$$

p_a bleibt stets gleich. Sinkt beim Austropfen die Höhe h, so muß also der Innenluftdruck p_i wachsen, damit das Gleichgewicht erhalten bleibt. Dies geschieht dadurch, daß Luft von außen am Rohrende nach oben perlt.
Das Wasser tropft gleichmäßig aus und man kann nun je nach

Hahneinstellung diese Wasseruhr nach bequemer Zeiteinheit eichen, indem man entweder die Tropfen zählt oder einen genauen Meßzylinder als Auffanggefäß verwendet.

c) Zur Federuhr

Hier wird eine elastische Feder als schwingungsfähiges System benutzt. Ihre Schwingungsperiode liefert dann das Zeitmaß. Bei nicht allzu großen Auslenkungen ist diese Periode von der Auslenkung unabhängig. Dies bedeutet, daß das Federpendel, auch bei einer durch die Reibung bedingten Abnahme der Auslenkungen (Amplituden), seine charakteristische Periode beibehält.
Die Feder sollte sehr leicht, weich und relativ lang sein.
Die sog. Federkonstante D bestimmt man wie in der folgenden Abbildung beschrieben: An die unbelastete Feder wird ein Massestück m angehängt (der sog. Pendelkörper).

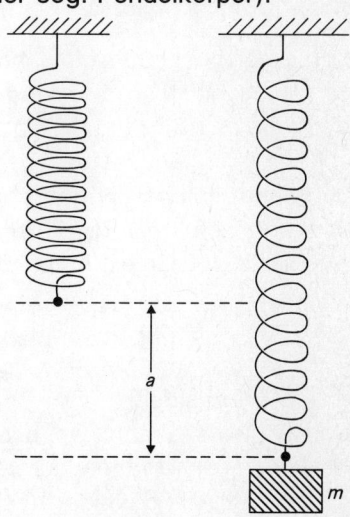

$$D = \frac{m \cdot g}{a}$$

Ergibt sich für *D* ein relativ großer Wert, so spricht man von einer »harten« Feder, sonst von einer »weichen«.
In der Physik berechnet sich die Schwingungsdauer (das ist die Zeit vom Moment der unteren Auslenkung bis zur Rückkehr in dieselbe Position) wie folgt:

$$T = 2 \cdot \pi \cdot \sqrt{\frac{m}{D}}$$

Dieses läßt sich formal umrechnen, wobei sich für eine volle Schwingung die Maßzahl *T* in Sekunden ergibt, wenn für *a* die Maßzahl der Auslenkung in cm eingesetzt wird.

$$T = 0{,}2006 \cdot \sqrt{a}$$

Damit man besonders einfache Perioden bekommt, z. B. $T = 1\,s$, wird man die Masse *m* des Pendelkörpers so lange verändern, bis $a = 24{,}85$ cm ist (z. B. durch zusätzliches Anhängen von weiteren Massestücken).
Mit einem solchen Federpendel hat man dann eine »Sekundenuhr«, wenn man die vollen Schwingungen abzählt.
Auch hier wieder experimenteller Abgleich mit der Taschenuhr:
Die Feder muß zu Beginn sehr ruhig und gleichmäßig ausgelenkt werden, um die Störung durch andere Schwingungsformen zu vermeiden.
Nun wäre es schön, wenn diese »Uhr« ihre Funktion nicht nach wenigen Minuten durch das Abklingen der Amplituden bis zum Stillstand wieder beenden würde.

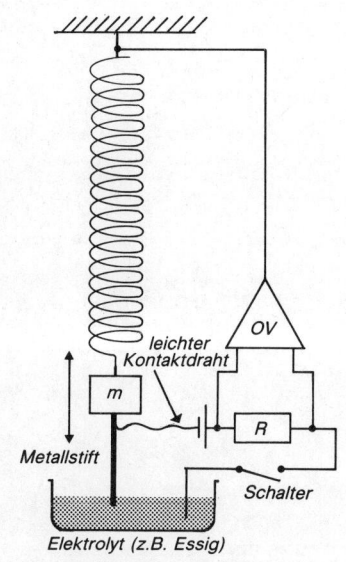

leichter Kontaktdraht
m
OV
R
Schalter
Metallstift
Elektrolyt (z.B. Essig)

(Stromversorgung des Hauptkreises nicht eingezeichnet)

Man müßte die Reibungsverluste durch ständige geschickte Zuführung von Energie wieder ausgleichen. Eine solche Möglichkeit bietet prinzipiell die folgende Anordnung mit Hilfe einer elektrischen Schaltung (siehe obige Figur).
(Die beste Möglichkeit ist durch *Probieren* zu finden!)
Der Metallstift des schwingenden Pendelkörpers schließt beim Eintauchen in den Elektrolyten den Steuerkreis geringer Stromstärke. Dabei fällt am Widerstand R eine kleine Spannung ab, welche über den Operationsverstärker OV den Hauptstromkreis aktiviert. Der Strom durch die Metallfeder bewirkt (nach der Lenzschen Regel der Induktion), daß sich bei einem in der Feder entstehenden Magnetfeld diese zu-

sammenzieht und damit den Kontakt durch den Elektrolyten wieder löst.

Auf diese Weise wird dem schwingenden Federpendel periodisch die zur Aufrechterhaltung der Schwingung notwendige Energie zugeführt.

d) Zur Pendeluhr

An einem dünnen Faden der Länge *l* hängt eine Masse *m* als Pendelkörper. Für nicht allzugroße Auslenkungswinkel φ ist die rücktreibende Kraft *F* direkt proportional zum (kreisförmigen) Pendelausschlag $s = l \cdot \varphi$.

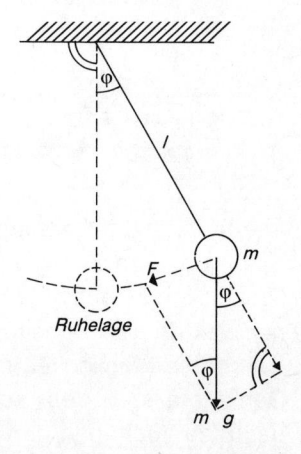

Mit »Kraft = Masse · Beschleunigung« und Beschleunigung $\ddot{s} = l \cdot \ddot{\varphi}$ gilt: $m \cdot l \cdot \ddot{\varphi} = -m \cdot g \cdot \sin\varphi$
bei kleinen Winkeln ist $\sin \varphi \approx \varphi \Rightarrow$

$$\ddot{\varphi} + \frac{g}{l}\varphi = 0$$

Diese Differentialgleichung hat als Lösung für die Schwingungsdauer

$$T = 2\pi \sqrt{\frac{l}{g}} \left[\omega^2 = \frac{g}{l} \text{ und } \omega = \frac{2\pi}{T}\right]$$

Als Beispiel errechnet man leicht bei einer Fadenlänge von $l = 1{,}00$ m die Schwingungsdauer T zu

$$T = 2\pi \cdot \sqrt{\frac{1{,}00}{9{,}81}} \text{ s}, \quad T \approx 2{,}006 \text{ s}$$

Ein Fadenpendel dieser Länge benötigt also ziemlich genau 1 Sekunde für die Zeit zwischen den beiden äußeren Auslenkpunkten (im wesentlichen unabhängig von der Anfangsauslenkung). Will man ein Pendel für andere Schwingungszeiten T konstruieren, so muß man die Fadenlänge l entsprechend wählen gemäß der umgestellten Formel:

$$l = \frac{g \cdot T^2}{4\pi^2}$$

Verwendet man statt eines Fadenpendels einen schweren homogenen Stab der Länge l, der am oberen Ende um eine Achse drehbar gelagert ist, ändert sich die Formel ein wenig: (Hierzu ist eine Berechnung des sog. »Trägheitsmomentes« notwendig.)

$$T = 2\pi \cdot \sqrt{\frac{2l}{3a}}$$

Der starre Stabpendel hat also gegenüber dem Fadenpendel gleicher Länge eine um den Faktor $\sqrt{\frac{2}{3}} \approx 0{,}8165$ kürzere Schwingungsdauer.

Bemerkenswert ist weiter, daß bei beiden Pendelarten die Schwingungsdauer T nur von der jeweiligen Pendellänge l abhängt. Die Masse spielt dabei keine Rolle!

Die in den mechanischen Räderuhren verwendeten Pendel stellen ein Mittelding zwischen den beiden hier gezeigten »idealen« Pendeln dar.

Die reale Schwingungsdauer wird somit zwischen den beiden idealen T-Werten liegen.

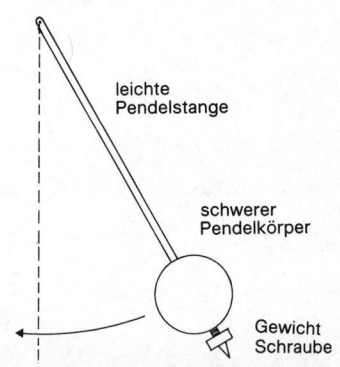

leichte Pendelstange

schwerer Pendelkörper

Gewicht Schraube

An der Pendelspitze befindet sich meist noch eine Gewichtsschraube, mit deren Hilfe man eine Feineinstellung bzw. Nachstellung erreichen kann.

2. Literatur

1. Sexl/Schmidt: Raum — Zeit — Relativität, Vieweg 1979
2. Höfling: Physik II, Dümmler Verlag 1976
3. H. Bürger: Die Theorie der Sonnenuhr, Verlag Giradet, Essen 1978
4. E. Ruprecht: Physik I, Mechanik, Bayer. Schulbuch-Verlag 1967
5. PSSC Physik, Vieweg 1975
6. Die Welt als Uhr, Deutsche Uhren und Automaten 1550-1650
   hsg. v. K. Maurice und Otto Mayr, München 1980
7. K. Maurice, Die Deutsche Räderuhr, München 1976, 2. Bde.
8. K. Maurice, Von Uhren und Automaten, München 1976,
9. Kalenderbauten, Frühe Astronomische Großgeräte aus Indien,
   Mexiko und Peru; Die Neue Sammlung, München o.J:
10. A. Lübke, Die Uhr, Düsseldorf 1958
11. E. Zinner, Astronomische Instrumente des 11. bis 18. Jhdts.,
    München 1956
12. Alte Uhren, (Zeitschrift des Callwey-Verlages),
    München 1978 ff
13. A. Dürer, Katalog des Germ. Nationalmuseums 1971
14. G. Bilfinger, Die mittelalterlichen Horen, Stuttgart 1892
15. G.W. Leibniz, Monadologie, Reclam Univ. Bibl. Nr. 7853
16. Thomas Hobbes, Leviathan, Reclam Univ. Bibl. Nr. 8348
17. Herder Sämtl. Werke, Bd. V. Berlin 1891
18. Ernst Jünger, Sanduhrenbuch, Frankfurt a. Main, 1954
19. H. Graße, Uhren und Zeiten — Ein museumspädagogisches Unterrichtsprojekt für Geschichte und Physik in: Museumskunde, 47/1. 1982, Frankfurt

3. Bildquellen

S. 12 Museum of Modern Art, New York — S. 13 Dr. Hermann Kern, München — S. 15 Germanisches Nationalmuseum, Nürnberg — S. 18/19 v. Mackensen, Kassel — S. 21 Deutsches Museum, München — S. 23/27 Callwey Verlag, München — S. 29 Bildarchiv Preußischer Kulturbesitz, Berlin — S. 42 Württembergisches Landesmuseum, Stuttgart — S. 44 Bayerisches Nationalmuseum, München — S. 46 Kunsthistorisches Museum, Wien — S. 49 Bayerisches Nationalmuseum, München — S. 51 Bayerisches Nationalmuseum, München — S. 54 Nordiska Museet, Stockholm; Aufnahme: Bayerisches Nationalmuseum, München — S. 56 Bayerisches Nationalmuseum, München — S. 59 Koninklijke Bibliothek Brüssel — S. 76/80 PTB, Braunschweig.

Zeichnungen: S. 76: PTB Braunschweig, alle übrigen: K. Joas, Stuttgart.

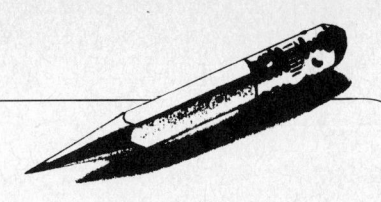

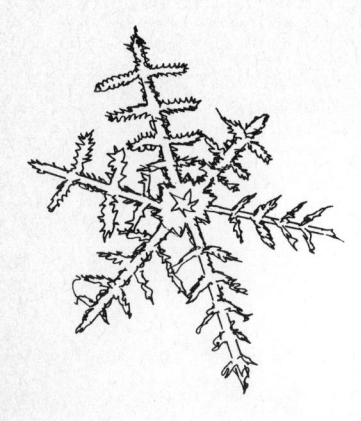

Martin Wagenschein
Naturphänomene sehen und verstehen
Genetische Lehrgänge

Herausgegeben von Hans Christoph Berg
Klettbuch 928421, ca. 360 Seiten, kart.

Aus Martin Wagenscheins Schriften wurden 65 Stücke ausgewählt unter dem Gesichtspunkt ihrer Bedeutsamkeit für die Ausbildung und Praxis von Lehrern. Das vieldiskutierte Konzept des genetisch-exemplarischen Lehrens und Lernens wird an den sehr lebendigen und verständlichen Beispielen unmittelbar einleuchtend deutlich.

Der Band enthält

- ein Dutzend allgemeinverständlicher Lehrgänge zu physikalischen und mathematischen Themen,
- zentrale Theorieaufsätze Wagenscheins,
- prägnante Formulierungen seiner pädagogischen Leitmotive,
- einen systematisch gefaßten ›Kanon der Physik‹.

Ernst Klett Verlag
Postfach 809
7000 Stuttgart 1

PRAXIS GEOMETRIÆ

> **PRAXIS GEOMETRIÆ,**
> Worinnen nicht nur
> alle bey dem Feld-Messen vorkommende
> **Fälle,**
> mit Stäben, dem Astrolabio, der Boussole
> und der Mensul, in Ausmessung einzeler
> Linien, Flächen und gantzer Revier,
> Welche,
> wenn deren etliche angräntzende zusammen genommen,
> **eine Land-Carte**
> ausmachen,
> auf ebenen Boden und Gebürgen,
> wie auch
> die Abnehmung derer Höhen und Wasser-Fälle,
> nebst
> beygefügten practischen
> **Hand-Griffen,**
> deutlich erörtert,
> sondern auch
> eine gute Ausarbeitung der kleinesten Risse biß zum grösten,
> mit ihren Neben-Zierathen,
> treulich communiciret werden,
> von
> **Joh. Friedr. Penther,**
> Königl. Groß-Britanischen Rath, Professore Ordin. Oecon. bey der Georg-
> August-Universität zu Göttingen, wie auch Ober-Bau-Inspect. etc.
> **Dritte Edition.**
> *Cum Privilegio Sacr. Cæsar. Majestatis.*
>
> **AUGSPURG,**
> Verlegt von Johann Balthasar Brebit, Kunst-Händler,
> Jeremiä Wolffs seel. Tochtermann
> Daselbst gedruckt bey Christoph Peter Detleffs. 1749.

Reprint der Original-Ausgabe aus dem Jahre 1749, verfaßt von Johann Friedrich Penther

Limitierte Auflage von 1000 Exemplaren

Format 21 x 32,2 cm

170 Seiten Umfang mit zahlreichen Stichen, außerdem 39 eingebundene Klapptafeln mit 388 Stichen.
Einband: Lederrücken mit Goldprägung; Überzug aus handgeschöpftem französischen Büttenpapier mit Lederecken. Fadenheftung; holzfreies Naturpapier

Klettbuch Nr. 98180   DM 198,–

Ernst Klett Verlag · Postfach 809 · 7000 Stuttgart 1